高 等 学 校 教 材

# 过程装备与控制工程专业实验教程（第二版）

钱才富　姚剑飞　潘　鑫　编著

化学工业出版社
·北京·

## 内容简介

专业实验是学生将理论知识与实践融会贯通的桥梁，因此本书在编排上先简单介绍了与实验相关的理论知识，然后再介绍各具体专业实验项目，以利于学生对专业知识的全面掌握。

本书第 1 篇简单介绍过程装备与控制工程专业实验基础知识，包括压力容器实验基础知识、过程流体机械实验基础知识、过程设备测试技术基础知识和过程设备控制实验基础知识。第 2 篇是过程装备与控制工程专业实验指导，涵盖了本专业涉及的 23 个实验项目。其中过程设备实验项目 9 个、过程流体机械实验项目 7 个、过程装备控制实验项目 7 个。每个实验项目都包括该实验的实验目的、实验内容、实验装置、实验原理、实验步骤和实验报告要求等内容，并配有思考题。附录部分介绍了本教程实验所对应的过程装备与控制工程专业实验设备，包括过程设备与控制多功能综合实验台、过程装备与控制工程专业基本实验综合装置、过程装备安全综合实验装置、压力容器综合实验装置、阀门流量特性综合实验装置，以及过程装备与控制工程专业实验虚拟仿真软件。

本书可作为过程装备与控制工程及相关专业大学本科生和高职生的专业实验教材。

**图书在版编目（CIP）数据**

过程装备与控制工程专业实验教程/钱才富，姚剑飞，潘鑫编著. —2 版. —北京：化学工业出版社，2022.1（2024.7重印）
高等学校教材
ISBN 978-7-122-40066-6

Ⅰ.①过… Ⅱ.①钱…②姚…③潘… Ⅲ.①化工过程-化工设备-实验-高等学校-教材②化工过程-过程控制-实验-高等学校-教材 Ⅳ.①TQ051-33②TQ02-33

中国版本图书馆 CIP 数据核字（2021）第 204260 号

责任编辑：丁文璇　　　　　　　　　　　　　装帧设计：张　辉
责任校对：李雨晴

出版发行：化学工业出版社（北京市东城区青年湖南街 13 号　邮政编码 100011）
印　　装：北京天宇星印刷厂
787mm×1092mm　1/16　印张 11¾　字数 302 千字　　2024 年 7 月北京第 2 版第 2 次印刷

购书咨询：010-64518888　　　　　　　　　售后服务：010-64518899
网　　址：http://www.cip.com.cn
凡购买本书，如有缺损质量问题，本社销售中心负责调换。

定　　价：38.00 元　　　　　　　　　　　　　版权所有　违者必究

# 前　言

自 2012 年 11 月出版以来，本书得到了广大过程装备与控制工程专业师生的肯定，特别是作为目前普遍应用的过程装备与控制工程专业多功能综合实验装备配套教材，对加强专业实验建设，提高实验教学水平发挥了重要作用。

近十年来，随着改革开放的深入，新知识、新技术不断涌现，高等教育改革也要求专业人才培养与时俱进。新形势对过程装备与控制工程专业培养目标和毕业要求提出了新要求，课程体系也必须持续改进。为此，我们对第一版《过程装备与控制工程专业实验教程》进行了修改和补充，主要变动有以下几方面：

（1）新增了旋转机械转子动力学、旋转机械常见故障及特点等基础知识。

（2）新增了离心泵汽蚀故障实验、转子振动测量实验、转子动平衡实验等实验内容。

（3）新增了过程装备安全综合实验装置、压力容器综合实验装置、阀门流量特性综合实验装置。

（4）新增了部分仿真实验，包含离心泵性能测定、薄壁容器外压失稳、换热器换热性能、流体传热系数测定和换热器管程及壳程压力降测定等实验。

（5）对部分实验提供了可替选实验装置，增加了相应的实验步骤。

（6）对往复式压缩机气阀故障等部分实验进行了修改。

戴凌汉和金广林老师在北京化工大学过程装备与控制工程专业实验建设和改革中做出了突出贡献，他们对本书的出版也倾注了大量心血。目前二位老师已经退休，本书的再版工作是在他们的授权下完成的，在此我们对戴凌汉和金广林老师致以崇高的敬意。本书在修订过程中得到了吴志伟、暴一帆、丁栋、张贤成、葛德宏、朱馨仪等研究生的支持和帮助，在此向他们表示衷心感谢。

由于编著者水平有限，书中难免存在不妥之处，希望广大读者批评指正。

编著者
2021 年 4 月

# 第一版前言

化工设备与机械专业是工科类高等学校的一个传统专业，曾培养出了许多优秀的专业技术人才，为国家的经济建设，特别是石油化学工业的建设和发展做出了突出贡献。随着改革开放的深入，工业结构的调整，新知识、新技术不断涌现，需要对传统的化工设备与机械专业进行改革，为此，从1999年起，全国化工设备与机械专业改为过程装备与控制工程专业，并增设了有关控制方面的课程，其目的是面向21世纪培养知识面广、创新能力强、综合素质高的大学生。为达到这一目的，专业实验的内容也必须进行相应改革。

以机械为主，以过程和控制为两翼是过程装备与控制工程的专业特色。为适应这一专业特色和对本科生的培养要求，专业实验的改革应遵循拓宽学生知识面、提高学生动手能力和创新能力的原则。为此我们在北京化工大学和北京市教育委员会支持下，在原化工设备与机械专业实验的基础上，结合新专业的特点，研制开发了多套过程装备与控制工程专业多功能综合实验装置。这些实用性很强的实验装置，不仅能够满足本科生教学实验的要求，还为包括设备结构设计、性能检测、微机自动控制在内的多方面科研工作提供硬件及软件平台。实验装置在硬件和软件方面涉及了变频控制技术，压力、温度、流量、转速及转矩的测试技术，微机数据采集技术，过程控制技术，以及微机通信技术等，体现了集过程、设备及控制于一体的专业特色。

本书共分2篇，第1篇简单介绍了过程装备与控制工程专业主干课程中与专业实验相关的一些基本知识，包括过程装备中压力容器强度实验和探伤知识；流体机械中的泵和往复式压缩机的基本知识；过程装备控制、检测与诊断技术的基本知识。第2篇是过程装备与控制工程专业实验指导，涵盖了本专业主干课程涉及的21个实验项目。每个实验项目都详细介绍了该实验的实验目的、实验内容、实验装置、实验原理、实验步骤和实验报告要求，并针对实验内容列出思考题。

本书可作为过程装备与控制工程及相关专业的专业实验教材使用。

本书在编写过程中得到了许多教师和研究生的支持，包括江志农、马润梅、姚琳、魏冬雪、李庆、邓玉婷、张伟、孙晓菊、栗晓蛟、李敏贤、孙胜仁、郝春哲，在此向他们表示衷心的感谢。由于编著者水平有限，书中难免存在缺点和疏漏之处，希望广大读者批评指正。

编著者
2012 年 6 月

# 目　录

# 第 1 篇

# 过程装备与控制工程专业实验基础知识

# 1 压力容器实验基础知识

压力容器是过程装备的重要组成部分，其相关实验也是过程装备与控制工程专业实验中的重点实验。本章将就内压容器的应力分布与计算、应力测试以及压力容器的无损检测等内容做简单介绍。

## 1.1 内压容器应力分布与计算

### 1.1.1 薄壁圆筒壳体承受内压时的应力

根据材料力学的分析方法，薄壁圆筒在内压 $p$ 作用下，圆筒壁上任一点 $B$ 将产生两个方向的应力：一是由于内压作用于封头上而产生的轴向拉应力，称为经向应力或轴向应力，用 $\sigma_\varphi$ 表示；二是由于内压作用使圆筒均匀向外膨胀，在圆周的切线方向产生的拉应力，称为周向应力或环向应力，用 $\sigma_\theta$ 表示。除上述两个应力分量外，器壁中沿壁厚方向还存在着径向应力 $\sigma_r$，但它相对 $\sigma_\varphi$ 和 $\sigma_\theta$ 要小得多，所以在薄壁圆筒中不予考虑。于是，可以认为圆筒上任意一点处于二向应力状态，如图 1-1 所示。

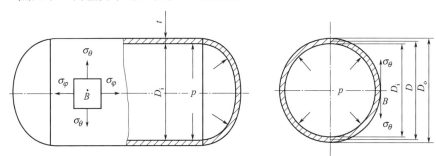

图 1-1　薄壁圆筒在内压作用下的应力

求解 $\sigma_\varphi$ 和 $\sigma_\theta$ 可采用截面法。作一个垂直圆筒轴线的横截面，将圆筒分成两部分，保留右边部分，如图 1-2(a) 所示。根据平衡条件，其轴向外力 $\dfrac{\pi}{4}D_i^2 p$ 必与轴向内力 $\pi D t\sigma_\varphi$ 相等。对于薄壁壳体，可近似认为内直径 $D_i$ 等于壳体的中面直径 $D$。

$$\frac{\pi}{4}D_i^2 p = \pi D t\sigma_\varphi$$

由此得

$$\sigma_\varphi = \frac{pD}{4t}$$

从圆筒中取出一单位长度圆环，并通过 $y$ 轴作垂直于 $x$ 轴的平面将圆环截成两半。取

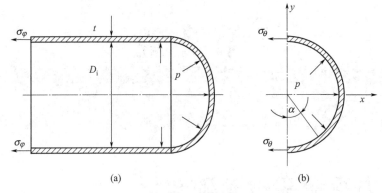

(a)                                    (b)

图 1-2  薄壁圆筒在压力作用下的力平衡

其右半部分，如图 1-2（b）所示，根据平衡条件，半圆环上其 $x$ 方向外力为

$$2\int_0^{\frac{\pi}{2}} pR_i \sin\alpha\,\mathrm{d}\alpha$$

必与作用在 $y$ 截面上 $x$ 方向内力 $2\sigma_\theta t$ 相等，得

$$2\int_0^{\frac{\pi}{2}} pR_i \sin\alpha\,\mathrm{d}\alpha = 2\sigma_\theta t$$

考虑到 $D \approx 2R_i$，由上式得

$$\sigma_\theta = \frac{pD}{2t}$$

### 1.1.2  椭球形壳体承受内压时的应力

椭球壳应力的大小除与内压 $p$、壁厚 $t$ 有关外，还与长轴与短轴之比 $a/b$ 有很大关系，当 $a=b$ 时，椭球壳变成球壳，这时最大应力为圆筒壳中 $\sigma_\theta$ 的一半，随着 $a/b$ 值的增大，椭球壳中应力增大，如图 1-3 所示。

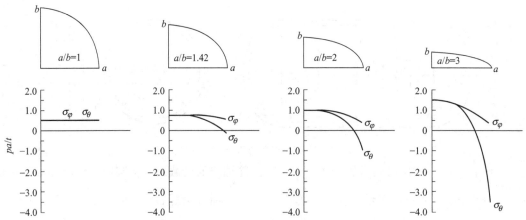

图 1-3  椭球壳中的应力随长轴与短轴之比的变化规律

椭球壳承受均匀内压时，在任何 $a/b$ 值下，$\sigma_\varphi$ 恒为正值，即拉伸应力，且由顶点处最大值向赤道处逐渐递减至最小值，当 $a/b > \sqrt{2}$ 时，应力 $\sigma_\theta$ 将变号，即从拉应力变为压应力。随着周向压应力增大，在大直径薄壁椭圆形封头中会出现局部屈曲。这个现象应采用整体或局部增加厚度、局部采用环状加强构件等措施加以预防。

2

工程上常用标准椭圆形封头，其 $a/b=2$。此时，$\sigma_\theta$ 的数值在顶点处和赤道处大小相等但符号相反，即顶点处为 $pa/t$，赤道上为 $pa/t$，而 $\sigma_\varphi$ 恒为拉伸应力，在顶点处达最大值 $pa/t$。

# 1.2 内压容器应力测量

在设计压力容器时，对于结构简单的设备，通常采用常规设计的方法进行设计；对于结构复杂的设备，往往采用分析设计的方法进行设计。然而对于一些重要的设备或使用场合特殊的设备，还需要采用实验应力分析的方法测量设备模型或实际设备的应力，以验证理论计算结果，确保设备安全可靠。

在实验应力分析的方法中，电阻应变测量法的使用最为广泛，通常用于测量设备模型的应力分布和实际设备的在线应力监测等。

### 1.2.1 电阻应变测量的工作原理

电阻应变片是电阻式传感器，以自身电阻的变化来反映机械应变的变化。在薄壁容器的封头或筒体的表面粘贴电阻应变片，应变片将随容器一起变形，应变片将容器的变形（应变）转换成电阻的变化，再通过电阻应变仪读出应变值，如图1-4所示。

图1-4　电阻应变测量方框图

（1）电阻应变片结构

丝绕式电阻应变片常用于建筑结构的应力测试，由基底、栅状电阻丝和覆盖层构成，如图1-5所示；箔式电阻应变片常用于压力容器应力测试，由 $0.02\sim0.05\text{mm}$ 厚的箔材和树脂胶膜基底构成，在箔材上经光刻腐蚀工艺形成敏感栅再焊上引线而成，结构如图1-6所示。箔式电阻应变片具有制造精度及生产效率高、横向效应小、箔片附着面积大有利散热等特点，因而广泛应用于压力容器的应力测试中。

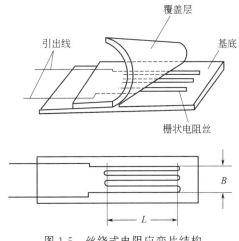

图1-5　丝绕式电阻应变片结构

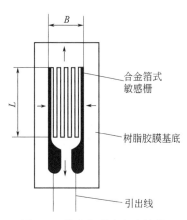

图1-6　箔式电阻应变片结构

（2）电阻应变片的主要指标

① 几何尺寸　敏感栅长度 $L$ 和宽度 $B$，单位为 mm。应变片的敏感栅长度最短为 $0.2\text{mm}$，最长达 $300\text{mm}$ 以上。长度 $L$ 较小的应变片适用于在沿长度方向应力变化梯度较大

的场合，尤其在应力集中部位，应选择长度更小的应变片；长度较大的应变片则适用于长度范围内应力较均匀的场合。

② 电阻值 $R$　常温下应变片的电阻值有 $60\Omega$、$120\Omega$、$350\Omega$、$600\Omega$、$1000\Omega$ 等系列，常用的有 $120\Omega$ 和 $350\Omega$ 两种。使用时应依据电阻应变仪的要求选用。在同等条件下选用较高阻值可使应变片发热量减小，对测量有利。

③ 灵敏系数 $K$　具体介绍见下节。

④ 绝缘电阻 $R_m$　粘贴后的应变片引出线与容器之间的绝缘电阻，一般要求在 $50\sim100\text{M}\Omega$ 以上并能保持稳定值。

⑤ 温度效应　指除了应力产生的电阻变化外，当环境温度变化时所引起的应变片阻值的变化，包括 $K$ 值的变化。

⑥ 横向效应系数 $H$　在应变片敏感栅的拐弯处有与工作方向垂直的回弯形或直线形的横向栅。敏感栅中的电阻变化包含了横向应变的影响，通常用横向效应系数来表征横向应变的影响程度

$$H = \frac{\varepsilon_y}{\varepsilon_x} \tag{1-1}$$

式中　$H$——横向效应系数；

　　　$\varepsilon_y$——$y$ 轴方向的应变读数，$\mu\varepsilon$；

　　　$\varepsilon_x$——$x$ 轴方向的应变读数，$\mu\varepsilon$。

⑦ 应变极限　应变片所能测量的应变范围是有一定限度的，这个限度称之为应变极限。在一定的温度条件下，应变片的指示应变与试件实际应变的相对误差达到某一规定值（一般为 10%）时，此时的试件实际应变为该应变片的极限应变。

⑧ 零点漂移和蠕变　零点漂移指在温度恒定时，试件未受载荷作用时，贴于试件上的应变片的阻值发生了变化；蠕变指温度恒定时，在对试件施加恒定载荷后，贴于试件上的应变片的阻值随时间出现变化。

⑨ 疲劳寿命　指在恒幅值交变应力作用下由于材料疲劳而致敏感栅、引线断路。以应变片输出值超过正常值时（常用 10%）的循环次数作为疲劳寿命指标。

（3）应变效应

金属丝随自身结构尺寸而产生的电阻为

$$R = \frac{\rho l}{S} \tag{1-2}$$

式中　$R$——电阻丝的电阻值，$\Omega$；

　　　$\rho$——电阻率，$\Omega \cdot \text{cm}$；

　　　$l$——电阻丝长度，m；

　　　$S$——电阻丝截面积，$\text{mm}^2$，$S = \pi r^2$，$r$ 为电阻丝半径。

当电阻丝受到拉伸变形时，其长度、截面积、电阻率均会出现 $\Delta l$、$\Delta S$、$\Delta\rho$ 的变化，电阻值也因此产生 $\Delta R$ 变化，对式(1-2) 微分后得到

$$dR = \frac{\rho}{S}dl - \frac{\rho l}{S^2}dS + \frac{1}{S}d\rho \tag{1-3}$$

除以式(1-2)得

$$\frac{dR}{R} = \frac{dl}{l} - \frac{dS}{S} + \frac{d\rho}{\rho}$$

由于 $dS = 2\pi r\,dr$，$\dfrac{dS}{S} = 2\dfrac{dr}{r}$

所以
$$\frac{dR}{R} = \frac{dl}{l} - 2\frac{dr}{r} + \frac{d\rho}{\rho} \tag{1-4}$$

令
$$\frac{dl}{l} = \varepsilon_x$$

$$\frac{dr}{r} = \varepsilon_y$$

$$\frac{dR}{R} = \varepsilon_x - 2\varepsilon_y + \frac{d\rho}{\rho}$$

当电阻丝沿轴向伸长时，则沿径向缩小，二者关系为
$$\varepsilon_y = -\mu\varepsilon_x$$

式中　$\varepsilon_x$——电阻丝的轴向应变；

$\varepsilon_y$——电阻丝的径向应变；

$\mu$——电阻丝材料的泊桑比。

$$\frac{dR}{R} = \varepsilon_x - 2\varepsilon_y + \frac{d\rho}{\rho} = \varepsilon_x + 2\mu\varepsilon_x + \frac{d\rho}{\rho} = (1+2\mu)\varepsilon_x + \frac{d\rho}{\rho} \tag{1-5}$$

$$\frac{dR}{R} = K_0\varepsilon_x \tag{1-6}$$

式(1-6) 中
$$K_0 = (1+2\mu) + \frac{\dfrac{d\rho}{\rho}}{\varepsilon_x} \tag{1-7}$$

$K_0$ 为电阻丝的灵敏系数，它受以下 2 个因素的影响：

ⅰ.（$1+2\mu$）表示电阻丝几何形状变形关系，为一常数，一般在 1.6 左右；

ⅱ. $\dfrac{d\rho/\rho}{\varepsilon_x}$ 称为压阻系数，对大多数电阻丝材料，压阻系数也是常数。

因此电阻丝的电阻变化率与应变的变化率呈线性关系。影响应变片变形后阻值变化的其他影响因素包括：基底材料、粘贴剂、应变片横向效应等。考虑到这些因素的影响，应变片阻值变化与应变关系的综合表达为

$$\frac{dR}{R} = K\varepsilon_x \tag{1-8}$$

式中　$K$——电阻应变片的灵敏系数，由应变片制造厂提供。$K$ 值一般在 1.7～3.6 之间。

（4）箔式应变片的形式

箔式应变片的敏感栅的结构形状分为单轴应变片和多轴应变片（应变花）两种。多轴应变片是由两个或两个以上的单轴敏感栅相交成一定角度置于公共基底而成的，如图 1-7 和图 1-8 所示，适用于两向以上应力场的测量。

### 1.2.2　电桥工作原理

使用电阻应变片测量构件的应变，是以应变片自身的电阻变化来反映应变的变化。例如：用 $K=2$，$R=120\Omega$ 的应变片贴在构件上，当构件的应力达到 100MPa 时，应变片阻值的变化 $\Delta R$ 为

$$\frac{\Delta R}{R}=K\varepsilon$$

$$\Delta R=RK\varepsilon=RK\frac{\sigma}{E}=120\times2\times\frac{100}{2\times10^5}=0.12\Omega$$

图 1-7　T形轴应变片

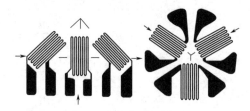

图 1-8　多轴应变片（应变花）

如此小的电阻变化是很难用欧姆表测量出来的，通常采用电桥电路将电阻的微小变化转换成电压的变化，电桥电路如图 1-9 所示。

利用戴维南定理可将图 1-9 中的电桥电路化简成一个等效电源 $U'$ 和一个等效电阻 $R'$ 的叠加，如图 1-10 所示。

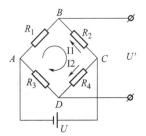

图 1-9　电桥电路图

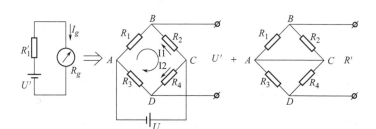

图 1-10　电桥电路的简化图

$$U'=I_2R_4-I_1R_2=\frac{U}{R_3+R_4}R_4-\frac{U}{R_1+R_2}R_2=U\frac{R_1R_4-R_2R_3}{(R_1+R_2)(R_3+R_4)} \tag{1-9}$$

$$R'=\frac{R_1R_2}{R_1+R_2}+\frac{R_3R_4}{R_3+R_4} \tag{1-10}$$

$$I_g=\frac{U'}{R_g+R'}=\frac{U(R_1R_4-R_2R_3)}{R_g(R_1+R_2)(R_3+R_4)+R_1R_2(R_3+R_4)+R_3R_4(R_1+R_2)} \tag{1-11}$$

若：$I_g=0$，则：$R_1R_4-R_2R_3=0$。因此有电桥平衡条件：$R_1R_4=R_2R_3$。电桥输出电压为

$$U_g=I_gR_g=\frac{U(R_1R_4-R_2R_3)}{(R_1+R_2)(R_3+R_4)+\frac{1}{R_g}[R_1R_2(R_3+R_4)+R_3R_4(R_1+R_2)]} \tag{1-12}$$

当电流表内阻 $R_g$ 很大时，就相当于电桥的开路电压 $U_0$

$$U_0=U\frac{(R_1R_4-R_2R_3)}{(R_1+R_2)(R_3+R_4)} \tag{1-13}$$

若电桥的四个桥臂中只有 $R_1$ 的阻值发生了变化产生 $\Delta R_1$，其余三个桥臂电阻的阻值不

变，并设：$R=R_1=R_2=R_3=R_4$，则有

$$\Delta U_1 = U \frac{(R_1+\Delta R_1)R_4 - R_2 R_3}{(R_1+\Delta R_1+R_2)(R_3+R_4)} = U \frac{\Delta R_1}{4R+2\Delta R_1} \tag{1-14}$$

由于 $R \gg \Delta R_1$，略去 $2\Delta R_1$ 项，即

$$\Delta U_1 = \frac{U}{4} \frac{\Delta R_1}{R} = \frac{U}{4} K \varepsilon_1 \tag{1-15}$$

同理，当 $R_2$、$R_3$、$R_4$ 分别发生变化时，有

$$\Delta U_2 = -\frac{U}{4} \frac{\Delta R_2}{R} = -\frac{U}{4} K \varepsilon_2 \tag{1-16}$$

$$\Delta U_3 = -\frac{U}{4} \frac{\Delta R_3}{R} = -\frac{U}{4} K \varepsilon_3 \tag{1-17}$$

$$\Delta U_4 = \frac{U}{4} \frac{\Delta R_4}{R} = \frac{U}{4} K \varepsilon_4 \tag{1-18}$$

当 $R_1$、$R_2$、$R_3$、$R_4$ 同时发生变化时，则有：$R_1+\Delta R_1$，$R_2+\Delta R_2$，$R_3+\Delta R_3$，$R_4+\Delta R_4$。

电桥的输出电压为 $\Delta U = \Delta U_1 + \Delta U_2 + \Delta U_3 + \Delta U_4$，则有

$$\Delta U = \frac{U}{4}\left(\frac{\Delta R_1}{R_1} - \frac{\Delta R_2}{R_2} - \frac{\Delta R_3}{R_3} + \frac{\Delta R_4}{R_4}\right) = \frac{U}{4} K (\varepsilon_1 - \varepsilon_2 - \varepsilon_3 + \varepsilon_4) \tag{1-19}$$

在图 1-9 电桥电路中，相对桥臂的电阻变化率对总的输出电压 $\Delta U$ 来说是相加的，而相邻桥臂电阻变化率是相减的。

### 1.2.3 应变片的温度补偿

由于制造应变片的金属材料的温度系数不可能为零，因此除应变引起应变片电阻变化之外，应变片的阻值还受温度变化的影响，当测量环境或试件的温度变化时，必须考虑应变片的温度补偿。应变片温度补偿的方法一般采用补偿片补偿法和工作片补偿法。

#### 1.2.3.1 补偿片补偿法

选一块与被测容器相同材料的金属板，在其表面上粘贴一个与工作应变片相同型号、相同阻值 $R$ 和相同灵敏系数 $K$ 的应变片，称其为温度补偿片，将粘有温度补偿片的金属板置于与测量应变片相同的温度条件下，但不得使它受到任何力的作用。将温度补偿片连接到与测量应变片相邻臂上，其余两个桥臂的电阻为固定电阻，此种连接方式称为半桥测量，如图 1-11 所示。

当容器受内压作用并有温度变化时，粘贴于容器表面的测量应变片（设为 $R_1$）受到容器变形和温度变化的双重因素影响而产生电阻变化 $\Delta R_1$，温度补偿片（设为 $R_2$）则只有由温度变化而引起的电阻变化 $\Delta R_{2t}$。由于采用半桥测量 $\Delta R_3 = \Delta R_4 = 0$，根据式(1-19)，测量应变片因温度因素引起的电阻变化 $\Delta R_{1t}$ 和温度补偿片因温度因素引起的电阻变化 $\Delta R_{2t}$ 因大小相等符号相反而被抵消，实现了温度的自动补偿。

当被测容器上的所有测量应变片都处于相同温度时，可采用一个温度补偿片分别与单个测量应变片构成半桥测量，利用静态电阻应变仪进行逐点切换；但当被测容器上的测量应变片处于不同温度时，如换热器壳体的应力测量，就必须在每个测量应变片旁设置一个温度补偿片，以保证测量的准确。

#### 1.2.3.2 工作片补偿法

测量时如果已知被测构件的应变符号相反或比例关系，温度条件相同的两个点，在这两点上各贴上一个测量应变片并连接到相邻的桥臂上，亦可实现温度补偿。用工作片作温度补偿的实例如图 1-12 所示。

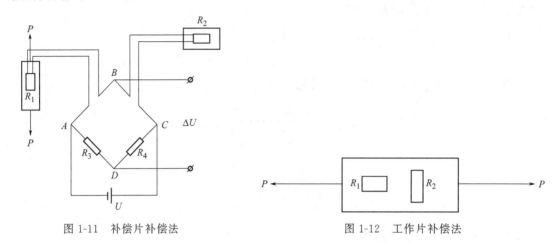

图 1-11　补偿片补偿法　　　　　　　　　　图 1-12　工作片补偿法

图中构件上贴应变片的位置的温度相同、应变片相同。它们各自由于温度变化所致的电阻变化也相同，由于它们连接在相邻的桥臂上，温度的影响就会自动抵消，而这两个应变片所处位置的应变方向相反，测量电桥的输出电压还会比只有一个测量应变片的情况高一些，为

$$\Delta U = \frac{U}{4}\left(\frac{\Delta R_1}{R_1} + \mu \frac{\Delta R_1}{R_1}\right) = \frac{U}{4}(1+\mu)\frac{\Delta R_1}{R_1} \qquad (1\text{-}20)$$

# 1.3　压力容器的无损检测

无损检测是在不损害被检对象的前提下，探测其内部或外表面缺陷的现代检验技术。在工业生产中，许多重要设备的原材料、零部件、焊接接头等必须进行必要的无损检测，当确认其内部和表面不存在危险性或非允许缺陷时，才可以使用或运行。无损检测是检验产品质量，保证产品安全，延长产品寿命的必要和可靠的技术手段。

目前大量应用于压力容器的无损检测技术主要有射线检测、超声波检测、磁粉检测、渗透检测和涡流检测。

### 1.3.1　射线检测

射线检测通常采用 X 射线对承压设备的焊缝进行无损探伤，通过拍照将焊缝的质量反映到感光胶片上，得到焊缝缺陷的形状和位置。此种方法广泛应用于压力容器制造厂家对产品进行的出厂检测。

#### 1.3.1.1　射线检测的基本原理

射线检测是利用射线在穿透物质时，射线的强度随物质的密度出现不同的衰减，并将穿过物质后的射线记录在感光胶片上，从而实现射线检测。

当强度为 $J_0$ 的一束平行射线，通过厚度为 $A$ 的物质时，射线强度的衰减为

$$J_A = J_0 \mathrm{e}^{-\mu A} \qquad (1\text{-}21)$$

式中　$J_A$——射线通过物质后的强度；

　　　$J_0$——射线强度；

$\mu$——物质的线吸收系数，与物质种类及射线能量有关，一般随射线能量的增高而减小。

设射线在透过物质前的强度为 $J_0$，而穿过有缺陷部位后的强度如式(1-22)，穿过无缺陷部位后的强度如式（1-23）。

$$J_1 = J_0 e^{-\mu_2(A-x)} e^{-\mu_1 x} \tag{1-22}$$

$$J_2 = J_0 e^{-\mu_2 A} \tag{1-23}$$

式中　$\mu_1$，$\mu_2$——缺陷、母材的线吸收系数。

射线穿过物体后，有、无缺陷处的强度比为

$$\frac{J_1}{J_2} = e^{(\mu_2-\mu_1)x} \tag{1-24}$$

当母体为金属材料，缺陷为空气或夹渣时，$\mu_2 \gg \mu_1$，缺陷沿照射方向的尺寸 $x$ 越大，或被照射物质与缺陷物质的线吸收系数相差越大，则照射强度比 $J_1/J_2$ 也越大，反映在底片上的黑度差也越大，缺陷也就越容易被发现。

在射线检测前先将感光胶片贴在工件的待检测区域一侧，检测时将射线照射到工件待检测区域的另一侧，采用恰当的照射强度和曝光时间对工件待测区域进行拍照。胶片经冲洗处理后得到反映工件待测区域的底片，可对底片影像所显示的工件缺陷进行评定。

从射线探伤的底片上能够清晰地发现被测工件上的体积形缺陷，如气孔、夹渣、未焊透等。但对被测工件上的裂纹，细微未熔合等片状缺陷，只有在透照方向合适或缺陷较大时才能发现。

#### 1.3.1.2　射线探伤灵敏度

通常采用射线探伤灵敏度表征射线检测所能发现缺陷大小的能力。即使是同一台射线探伤机，对不同厚度工件进行检测时所能发现的缺陷大小也不相同，因此采用能够发现的最小缺陷尺寸与待检工件厚度之比来表示射线探伤的灵敏度。一般要求灵敏度达到厚度比≤2%或≤3%，视不同的感光方法而有所不同。

射线检测的灵敏度主要与射线强度及曝光量有关。对于某一射线能量，当工件厚度增大到一定数值之后，由于射线在穿透工件之前几乎全部被衰减，因此，不管曝光时间多长都不能使胶片感光。同样，如果用某一合适的射线能量进行拍照时的曝光量选择不合适，感光后的胶片就有可能反差太小或一片漆黑，从而无法从底片上观察到缺陷的存在。底片感光合适与否用底片黑度来表示。黑度可用测微光计迅速测出。

射线检测技术分为三级：A 级——低灵敏度技术；AB 级——中灵敏度技术；B 级——高灵敏度技术。承压设备对接焊接接头的射线检测一般采用 AB 级，对重要设备、结构、特殊材料和特殊焊接工艺的对接焊接接头的射线检测可采用 B 级。

#### 1.3.1.3　射线探伤的缺陷评定和质量分级

对射线底片进行正确的等级评定，以确定构件质量是射线探伤的最终目的。评定人员要按照射线底片上显示的缺陷形状，判断缺陷的性质，然后根据缺陷的性质、大小和数量，参照标准来确定底片所对应构件的质量等级。

（1）缺陷类型

对接焊接接头中的缺陷可按性质分为五类：裂纹、未熔合、未焊透、条形缺陷和圆形缺陷。

（2）质量分级

根据对接焊接接头中存在的缺陷性质、数量和密集程度，质量等级划分为Ⅰ、Ⅱ、Ⅲ、

Ⅳ级。其中Ⅰ级焊缝质量最高。

焊接接头质量分级的一般规定：Ⅰ级对接焊接接头内不允许存在裂纹、未熔合、未焊透和条形缺陷；Ⅱ级和Ⅲ级对接焊接接头内不允许存在裂纹、未熔合、未焊透；对接焊接接头中缺陷超过Ⅲ级者为Ⅳ级。当各类缺陷评定的质量级别不同时，以上述缺陷类型中质量最差的级别作为对接焊接接头的质量级别。

（3）圆形缺陷的质量分级

圆形缺陷用圆形缺陷评定区进行质量分级评定，圆形缺陷评定区为一个与焊缝平行的矩形，其尺寸见表1-1。圆形缺陷评定区应选在缺陷最严重的区域。

表 1-1　缺陷评定区

| 母材公称厚度 $T$/mm | ≤25 | >25～100 | >100 |
|---|---|---|---|
| 评定区尺寸/(mm×mm) | 10×10 | 10×20 | 10×30 |

在圆形缺陷评定区内或与圆形缺陷评定区边界线相割的缺陷均应划入评定区内。将评定区的缺陷按表1-2的规定换算为点数，按表1-3的规定评定对接焊接接头的质量级别。

表 1-2　缺陷点数换算表

| 缺陷长径/mm | ≤1 | >1～2 | >2～3 | >3～4 | >4～6 | >6～8 | >8 |
|---|---|---|---|---|---|---|---|
| 缺陷点数/个 | 1 | 2 | 3 | 6 | 10 | 15 | 25 |

表 1-3　各级别允许的圆形缺陷点数

| 评定区尺寸/(mm×mm) | 10×10 | | | 10×20 | | 10×30 |
|---|---|---|---|---|---|---|
| 母材公称厚度 $T$/mm | ≤10 | >10～15 | >15～25 | >25～50 | >50～100 | >100 |
| Ⅰ级/个 | 1 | 2 | 3 | 4 | 5 | 6 |
| Ⅱ级/个 | 3 | 6 | 9 | 12 | 15 | 18 |
| Ⅲ级/个 | 6 | 12 | 18 | 24 | 30 | 36 |
| Ⅳ级/个 | 缺陷点数大于Ⅲ级或缺陷长径大于 $T/2$ | | | | | |

注：当母材公称厚度不同时，取较薄板的厚度。

圆形缺陷的评判标准如下。

① 由于材质或结构等原因，进行返修可能会产生不利后果的对接焊接接头，各级别的圆形缺陷点数可放宽1～2点。

② 对致密性要求高的对接焊接接头，制造方底片评定人员应考虑将圆形缺陷的黑度作为评级的依据。通常将黑度大的圆形缺陷定义为深孔缺陷，当对接焊接接头存在深孔缺陷时，其质量级别应评为Ⅳ级。

③ 当缺陷的尺寸小于表1-4的规定时，分级评定时不计该缺陷的点数。质量等级为Ⅰ级的对接焊接接头和母材公称厚度 $T≤5$mm 的Ⅱ级对接焊接接头，不计点数的缺陷在圆形缺陷评定区内不得多于 10 个，超过时对接焊接接头质量等级应降低一级。

表 1-4　不计点数的缺陷尺寸

| 母材公称厚度 $T$/mm | 缺陷长径/mm | 母材公称厚度 $T$/mm | 缺陷长径/mm |
|---|---|---|---|
| ≤25 | ≤0.5 | >50 | ≤1.4%$T$ |
| >25～50 | ≤0.7 | | |

（4）条形缺陷的质量分级

条形缺陷按表1-5的规定进行分级评定。

**表1-5　各级别对接焊接接头允许的条形缺陷长度**

| 级别 | 单个条形缺陷最大长度 | 一组条形缺陷累计最大长度 |
|---|---|---|
| Ⅰ级 | 不允许 | |
| Ⅱ级 | ≤$T/3$（最小可为4mm）且≤20mm | 在长度为$12T$的任意选定条形缺陷评定区内，相邻缺陷间距不超过$6L$的任一组条形缺陷的累计长度应不超过$T$，但最小可为4mm |
| Ⅲ级 | ≤$2T/3$（最小可为6mm）且≤30mm | 在长度为$6T$的任意选定条形缺陷评定区内，相邻缺陷间距不超过$3L$的任一组条形缺陷的累计长度应不超过$T$，但最小可为6mm |
| Ⅳ级 | 大于Ⅲ级者 | |

注：1. $L$为该组条形缺陷中最长缺陷本身的长度；$T$为母材公称厚度，当母材公称厚度不同时取较薄板的厚度值。

2. 条形缺陷评定区是指与焊缝方向平行的、具有一定宽度的矩形区，$T$≤25mm，宽度为4mm；25mm＜$T$≤100mm，宽度为6mm；$T$＞100mm，宽度为8mm。

3. 当两个或两个以上条形缺陷处于同一直线上，且相邻缺陷的间距小于或等于较短缺陷长度时，应作为1个缺陷处理，且间距也应计入缺陷的长度之中。

（5）综合评级

在圆形缺陷评定区内同时存在圆形缺陷和条形缺陷时，应进行综合评级。方法是先对圆形缺陷和条形缺陷分别评定级别，再将两者级别之和减1作为综合评级的质量级别。

### 1.3.2　超声波检测

#### 1.3.2.1　超声波的传播特点

超声波无损检测是利用超声波在传播过程中当遇到两种介质的分界面时，超声波就会从分界面上反射回来，只剩一小部分能透过分界面继续传播的性质。

各种介质对声波的传播都呈现一定的阻抗，声阻抗与介质的密度及弹性有关。液体的声阻抗比空气的大两千多倍，而金属的声阻抗比水的又大几十倍。

超声波在传播过程中遇到两种介质的分界面时产生的反射与折射现象如图1-13所示。图中$\alpha$为超声波的入射角；$\alpha'$为超声波全反射的反射角；$\beta$为超声波遇到不同介质界面时产生折射的折射角。

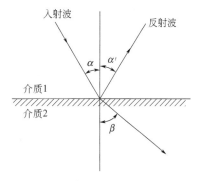

图1-13　超声波的反射与折射现象

当超声波遇到不同介质界面时，产生的折射率为

$$a = \frac{4}{m + \dfrac{1}{m} + 2} \tag{1-25}$$

$$b = \frac{m + \dfrac{1}{m} - 2}{m + \dfrac{1}{m} + 2} \tag{1-26}$$

式中　$a$——透射系数；

　　　$b$——反射系数；

　　　$m$——两种介质的声阻抗之比。

若 $m=1$，表明两种介质的声阻抗相等，超声波能完全透过，此时 $a=1$，$b=0$；若 $m=0$，表明两种介质的声阻抗完全不同，超声波全部反射，此时 $a=0$，$b=1$；当 $1<m<0$ 时，会有部分超声波反射，部分超声波出现折射。超声波探伤就是利用超声波的传播特点而实现的。

#### 1.3.2.2　超声波无损探伤原理

（1）双探头探伤法

探头 1 置于被检工件一侧发射超声波，探头 2 置于被检工件另一侧用于接收穿透工件的超声波。在无缺陷部位，探头 1 发射的超声波经工件衰减后被探头 2 接收，探头 2 接收到的超声波转换成电压信号经放大器放大后在显示器上显示超声波信号的强度。当两探头处于有缺陷位置时，由于缺陷对超声波产生反射，探头 2 所接收到的超声波信号强度下降，甚至消失。从这一现象就可以确定在探头 1 与探头 2 之间的连线上有缺陷存在，探头 2 处超声波信号强度下降的幅度反映了工件缺陷的大小。

（2）单探头探伤法

单探头兼作超声波的发射与接收，在无缺陷部位，探头发射的超声波经底面反射后被自身接收，根据接收到的回波与发射波之间的时间差，就可以确定超声波经过的距离（称为声程）。当探头处于有缺陷位置时，由于缺陷对超声波的反射作用，部分超声波将在底面反射波到达之前被探头接收到。根据缺陷回波到达时刻与发射时刻之间的时间差以及缺陷回波的强度，就可以确定缺陷的位置与大小。

用于超声波探伤的单探头又分为直探头和斜探头两种。直探头的超声波发射方向与被测工件表面垂直，常用于钢板、锻件等材料的缺陷检测。斜探头的超声波发射方向与被测工件表面倾斜一定角度，多用于焊缝的探伤。当斜探头发射的超声波遇到缺陷时，由于缺陷表面产生的反射及折射，将使仪器收到缺陷回波，从而达到探伤的目的。

超声波探伤对平面形缺陷，如裂纹、未焊透反应灵敏，而对体积形缺陷，却由于它们的反射性不强而不如 X 射线。因此，这两种无损检测方法可以互为补充。

#### 1.3.2.3　承压设备对接焊接接头的超声波检测

（1）超声检测技术等级

超声检测技术等级分为 A、B、C 三个检测级别。超声检测技术等级的选择应符合承压设备的制造、安装、在用等有关规范、标准及设计图样规定。

不同检测技术等级及适用场合的规定如下。

① A 级检测　仅适用于母材厚度为 8～46mm 的对接焊接接头。采用一种斜探头对对接焊接接头的单面和焊缝的单侧进行检测。一般不要求进行横向缺陷的检测。

② B 级检测　母材厚度为 8～46mm 时，用 $K$ 值探头在对接焊接接头的单面和焊缝的双侧进行检测；母材厚度为 46～120mm 时，用 $K$ 值探头对焊接接头的双面和焊缝的双侧进行检测；母材厚度为 120～400mm 时，用两种 $K$ 值探头在焊接接头的双面和焊缝的双侧进行检测，两种探头的折射角相差应不小于 10°。

③ C 级检测　采用 C 级检测时应将焊接接头的余高磨平。

母材厚度为 8～46mm 时，一般用两种 $K$ 值探头在焊接接头的单面和焊缝的双侧进行检测。两种探头的折射角相差应不小于 10°，其中一个折射角应为 45°。

母材厚度为 46～400mm 时，一般用两种 $K$ 值探头在焊接接头的双面和焊缝的双侧进行检测。两种探头的折射角相差应不小于 10°。

对焊接接头两侧斜探头扫查经过的母材区域要用直探头进行检测。

更多要求见相关标准。

（2）标准试块

标准试块是用于超声波探伤仪和探头系统校准和检验校准的试块。适用壁厚为 8～120mm 的焊接接头，常用 CSK-ⅠA 和 CSK-ⅢA 试块。

① CSK-ⅠA 试块如图 1-14 所示，用于超声波探伤仪的尺寸读数校准。

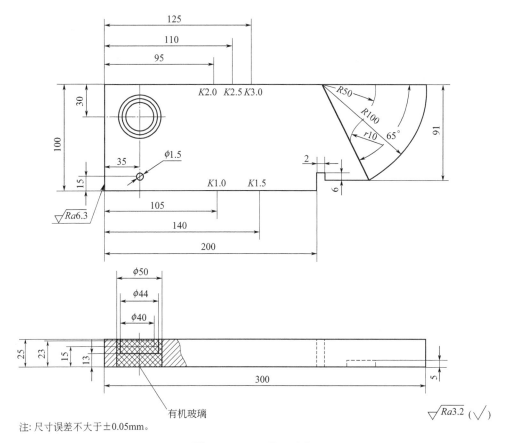

注: 尺寸误差不大于±0.05mm。

图 1-14　CSK-ⅠA 试块

② CSK-ⅢA 试块如图 1-15 所示，用于绘制距离-波幅曲线。

（3）距离-波幅曲线的绘制

利用 CSK-ⅢA 试块在超声波探伤仪屏幕上绘制距离-波幅曲线。

① 超声波探伤仪经过校准后，用斜探头在 CSK-ⅢA 试块上检测到标准缺陷的回波，即试块上小孔产生的回波。标准缺陷共有 7 个，可以从 10mm 到 140mm，每隔 10mm 检测一个回波。检测深度应大于被检焊接接头母材的 2 倍。将每个回波高点连线形成一条距离-波幅基准线。所谓距离-波幅曲线中的距离即为标准缺陷距试块表面的深度。

② 根据被检焊接接头母材厚度选择灵敏度，见表 1-6，由距离-波幅基准线增减探伤仪的增益生成一曲线族，见图 1-16，形成距离-波幅曲线。

表 1-6　距离-波幅曲线的灵敏度

| 试块型号 | 板厚/mm | 评定线 | 定量线 | 判废线 |
|---|---|---|---|---|
| CSK-ⅢA<br>试块缺陷尺寸:φ1×6 | 8～15 | −12dB | −6dB | +2dB |
| | >15～46 | −9dB | −3dB | +5dB |
| | >46～120 | −6dB | 0dB | +10d |

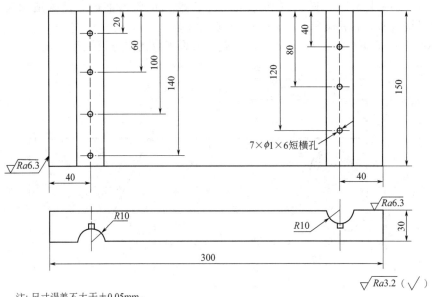

注:尺寸误差不大于±0.05mm。

图 1-15　CSK-ⅢA 试块

距离-波幅曲线应按所用探头和仪器在试块上实测的数据绘制而成,该曲线族由评定线、定量线和判废线组成。评定线与定量线之间(包括评定线)为Ⅰ区,定量线与判废线之间(包括定量线)为Ⅱ区,判废线及其以上区域为Ⅲ区,如图 1-16 所示。

(4)平板对接焊接接头的超声检测方法

为了检测纵向缺陷,斜探头应垂直于焊缝中心线放置在检测面上,并作锯齿形扫查,如图 1-17 所示。探头前后移动的范围应保证扫查到全部焊接接头截面,在保持探头垂直焊缝作前后移动的同时,还应作 10°~15°的左右转动。

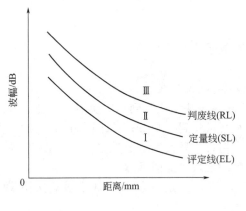

图 1-16　距离-波幅曲线

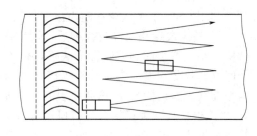

图 1-17　锯齿形扫查

#### 1.3.2.4　缺陷评定与质量分级

(1)缺陷评定

超过评定线的信号应注意其是否具有裂纹等危害性缺陷特征,如有怀疑时,应采取改变探头 $K$ 值、增加检测面、观察动态波形并结合结构工艺特征作判定,如对波形不能判断时,应辅以其他检测方法作综合判定。

缺陷指示长度小于 10mm 时，按 5mm 计。

相邻两缺陷在一直线上，其间距小于其中较小的缺陷长度时，应作为一条缺陷处理，以两缺陷长度之和作为其指示长度（间距不计入缺陷长度）。

（2）质量分级

焊接接头质量分级按表 1-7 的规定进行。

**表 1-7　焊接接头质量分级**　　　　　　　　　　　　　　　　mm

| 等级 | 板厚 $T$ | 反射波幅（所在区域） | 单个缺陷指示长度 L | 多个缺陷累计长度 $L'$ |
|---|---|---|---|---|
| Ⅰ | 6～400 | Ⅰ | 非裂纹类缺陷 | |
| | 6～120 | Ⅱ | $L=T/3$，最小为 10，最大不超过 30 | 在任意 9T 焊缝长度范围内 $L'$ 不超过 T |
| | >120～400 | Ⅱ | $L=T/3$，最大不超过 50 | |
| Ⅱ | 6～120 | Ⅱ | $L=2T/3$，最小为 12，最大不超过 40 | 在任意 4.5T 焊缝长度范围内 $L'$ 不超过 T |
| | >120～400 | Ⅱ | 最大不超过 75 | |
| Ⅲ | 6～400 | Ⅱ | 超过Ⅱ级者 | 超过Ⅱ级者 |
| | | Ⅲ | 所有缺陷 | |
| | | Ⅰ、Ⅱ、Ⅲ | 裂纹等危害性缺陷 | |

注：1. 母材板厚不同时，取薄板侧板厚度值。

2. 当焊缝长度不足 9T（Ⅰ级）或 4.5T（Ⅱ级）时，可按比例折算。当折算后的缺陷累计长度小于单个缺陷指示长度时，以单个缺陷指示长度为准。

### 1.3.3　表面和近表面缺陷的无损检测

材料和焊接接头的表面和近表面缺陷的无损检测方法有磁粉检测、渗透检测和涡流检测。

#### 1.3.3.1　磁粉检测

（1）磁粉检测原理

当被检工件磁化后，如果表面和近表面存在缺陷，便会在该处形成一个漏磁场。施加磁粉后，漏磁场将吸引磁粉，形成缺陷显示。

（2）磁粉检测方法

磁粉检测首先要对被检工件加外磁场进行磁化。外磁场的获得一般有两种方法：一种是直接给被检工件通电流产生磁场；另一种是把被检工件放在螺旋管线圈磁场中或是放在电磁铁磁场中使之磁化。然后在被磁化的被检工件表面均匀施加磁粉，施加磁粉有干法和湿法两种。为了提高检测灵敏度，可采用荧光磁粉，在紫外线照射下更容易观察到被检工件表面缺陷的存在。

磁粉检测通常能确定表面和近表面缺陷的位置、大小和形状。磁粉检测不但适用于铁磁性材料制板材、复合板材、管材以及锻件等表面和近表面缺陷的检测，也适用于铁磁性材料对接焊接接头、T 形焊接接头以及角焊缝等表面和近表面缺陷的检测。磁粉检测不适用非磁性材料的检测。

#### 1.3.3.2　焊接接头磁粉检测的质量分级

（1）缺陷磁痕的分类

长度与宽度之比大于 3 的缺陷磁痕，按线形磁痕处理；长度与宽度之比不大于 3 的缺陷磁痕，按圆形磁痕处理；长度小于 5mm 的磁痕不计。

两条或两条以上磁痕在同一直线上且间距不大于 2mm 时，按一条磁痕处理，其长度为两条磁痕之和加间距。

（2）磁粉检测质量分级

焊接接头磁粉检测的质量分级见表1-8。

**表 1-8　焊接接头磁粉检测的质量分级**

| 等 级 | 线形缺陷磁痕 | 圆形缺陷磁痕（评定框尺寸为 35mm×100mm） |
|---|---|---|
| Ⅰ | 不允许 | $d \leqslant 1.5mm$，且在评定框内不大于 1 个 |
| Ⅱ | 不允许 | $d \leqslant 3.0mm$，且在评定框内不大于 2 个 |
| Ⅲ | $L \leqslant 3.0mm$ | $d \leqslant 4.5mm$，且在评定框内不大于 4 个 |
| Ⅳ | 大于Ⅲ级 | |

注：$L$ 表示线形缺陷磁痕长度，mm；$d$ 表示圆形缺陷磁痕长径，mm。

#### 1.3.3.3　渗透检测

渗透检测通常能确定表面开口缺陷的位置、尺寸和形状。渗透检测适用于金属材料或非金属材料板材、复合板材、管材、锻件和焊接接头表面开口缺陷的检测，渗透检测不适用于多孔性材料的检测。

（1）渗透检测原理

渗透检测利用液体的毛细作用，将渗透液渗入固体材料表面开口缺陷处。再通过显像剂将渗入的渗透液析出到表面显示缺陷的存在。

（2）渗透检测方法

在测试材料表面使用一种渗透剂，并使其在体表保留至预设时限。清洗工件表面，去除多余的渗透剂。该渗透剂可为在正常光照下即能辨认的有色液体，也可为需要特殊光照方可显现的黄/绿荧光色液体。此渗透剂由毛细作用进入材料表面开口的裂痕。毛细作用在染色剂停留过程中始终发生，直至多余渗透剂完全被清洗。此时将某种显像剂施加到被检材质表面，渗透入裂痕并使其着色，进而显现。具备相应资质的检测人员可对该显现痕迹进行解析。

（3）渗透缺陷显示的分类

① 小于 0.5mm 的显示不计，除确认显示是由外界因素或操作不当造成的之外，其他任何显示均应作为缺陷处理。

② 缺陷显示在长轴方向，与工件（轴类或管类）轴线或母线的夹角大于或等于 30°时，按横向缺陷处理，其他按纵向缺陷处理。

③ 长度与宽度之比大于 3 的缺陷显示，按线形缺陷处理；长度与宽度之比小于或等于 3 的缺陷显示，按圆形缺陷处理。

④ 两条或两条以上线形缺陷显示在同一条直线上且距离不大于 2mm 时，按一条缺陷处理，其长度为两条缺陷显示之和加间距。

（4）质量分级

焊接接头和坡口的质量分级按表1-9进行。

**表 1-9　焊接接头和坡口的质量分级**

| 等 级 | 线形缺陷 | 圆形缺陷（评定框尺寸 35mm×100mm） |
|---|---|---|
| Ⅰ | 不允许 | $d \leqslant 1.5mm$ 且在评定框少于或等于 1 个 |
| Ⅱ | 不允许 | $d \leqslant 4.5mm$ 且在评定框少于或等于 4 个 |
| Ⅲ | $L \leqslant 4mm$ | $d \leqslant 8mm$ 且在评定框少于或等于 6 个 |
| Ⅳ | 大于Ⅲ级 | |

注：$L$ 为线形缺陷长度，mm；$d$ 为圆形缺陷在任何方向上的最大尺寸，mm。

### 1.3.3.4 涡流检测

涡流检测通常能确定表面和近表面缺陷的位置和相对尺寸。涡流检测适用于导电金属材料和焊接接头缺陷的检测。

涡流检测是利用导电材料的电磁感应现象，通过测量感应量的变化进行无损检测的方法。将通有交流电的线圈置于待测的金属板上或套在待测的金属管外，这时线圈内及其附近将产生交变磁场，使试件中产生呈旋涡状的感应交变电流，称为涡流。涡流的分布和大小，除与线圈的形状和尺寸、交流电流的大小和频率等有关外，还取决于试件的电导率、磁导率、形状和尺寸、与线圈的距离以及表面有无裂纹缺陷等。因而，在保持其他因素相对不变的条件下，用一探测线圈测量涡流所引起的磁场变化，可推知试件中涡流的大小和相位变化，进而获得有关电导率、缺陷、材质状况和其他物理量（如形状、尺寸等）的变化或缺陷存在等信息。

涡流检测时线圈不需与被测物直接接触，可进行高速检测，易于实现自动化，但不适用于形状复杂的零件，而且只能检测导电材料的表面和近表面缺陷，检测结果也易于受到材料本身及其他因素的干扰。

# 2 过程流体机械实验基础知识

## 2.1 离 心 泵

泵的功能是把机械能转换成液体的能量，是用于增加液体压力或对液体进行输送的机械。

泵的种类很多，根据泵的工作原理和结构形式，泵分为叶片式泵、容积式泵以及其他类型的泵，如喷射泵、水锤泵和真空泵等。叶片式泵包括离心泵、轴流泵、混流泵、旋涡泵等；容积式泵包括回转泵（如齿轮泵、螺杆泵、滑片泵）和往复泵（如活塞泵、柱塞泵、隔膜泵）等。

泵广泛用于石油化工、农田水利工程、城市给排水以及环境工程等方面。在石油化工生产中，泵使用量非常大，种类繁多，而且因其输送的介质往往具有高温、高压、腐蚀性强等特点，使得化工用泵往往比一般的水泵复杂。

在各种泵中因离心泵具有流量、扬程适用范围大，且结构简单、操作平稳、维修方便等优点，所以得到了广泛应用。

### 2.1.1 离心泵的基本结构及工作原理

离心泵的基本部件是高速旋转的叶轮和固定的蜗壳。在泵轴上固定了若干个（通常为 4～12 个）后弯形叶片，由电机驱动随泵轴高速旋转。叶轮直接对泵内液体做功，是离心泵的供能装置。泵壳中央的吸入口与吸入管路相连接，吸入管路的底部安装单向底阀。泵出口与调节阀门和管路相连接，如图 2-1 所示。

当离心泵启动后，泵轴带动叶轮一起高速旋转，使得预先充灌在叶片间的液体随叶轮旋转，在离心力的作用下，液体自叶轮中心向外周作径向运动。泵壳中的液体在流经叶轮的运动过程中获得了能量，静压能增高，流速增大。当液体离开叶轮进入泵壳后，由于泵壳内流道逐渐扩大使液体的流速减小，液体的部分动能转化为静压能，最后沿切向流入排出管路。

蜗形泵壳是汇集从叶轮流出液体的部件，同时又是一个转能装置。当液体自叶轮中心甩向外周时，叶轮中心形成低压区，使液体被吸进叶轮中心。依靠叶轮的不断运转，液体便连续地被吸入和排出。液体在离心泵中获得的机械能量最终表现为静压能的提高。

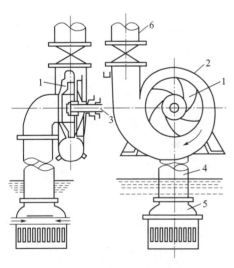

图 2-1 离心泵装置简图

1—叶轮；2—泵壳；3—泵轴；
4—吸入管；5—底阀；6—压出管

### 2.1.2 离心泵的叶轮和其他部件

（1）叶轮的分类

离心泵的叶轮是离心泵的关键部件，可进行如下分类。

① 按叶轮机械形式分类 离心泵的叶轮为开式、半闭式和闭式三种，如图 2-2 所示。闭式叶轮适用于输送清洁液体；半闭式和开式叶轮适用于输送含有固体颗粒的悬浮液，这类泵的效率低。

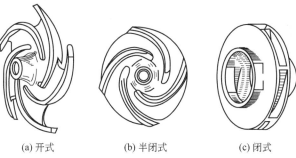

(a) 开式　　　　(b) 半闭式　　　　(c) 闭式

图 2-2　离心泵叶轮的三种形式

闭式和半闭式叶轮在运转时，离开叶轮的一部分高压液体可漏入叶轮与泵壳之间的空腔中，因叶轮前侧液体吸入口处压强低，故液体作用于叶轮前、后侧的压力不等，便产生了指向叶轮吸入口侧的轴向推力。该力推动叶轮向吸入口侧移动，引起叶轮和泵壳接触处的磨损，严重时造成泵的振动，破坏泵的正常操作。为解决这一问题，在叶轮后盖板上钻若干个小孔，可减少叶轮两侧的压力差，从而减轻了轴向推力的不利影响，但同时也降低了泵的效率。这些小孔称为平衡孔。

② 按叶轮吸液方式分类 离心泵的叶轮按吸液方式分为单吸式与双吸式两种，单吸式叶轮结构简单，液体只能从一侧吸入。双吸式叶轮可同时从叶轮两侧对称地吸入液体，它不仅具有较大的吸液能力，而且基本上消除了轴向推力。

③ 按叶片形状分类 叶轮根据叶片的几何形状，可分为后弯、径向和前弯三种，由于后弯叶片有利于液体的动能转换为静压能，故而被广泛采用。

（2）离心泵导轮

为了减少离开叶轮的液体直接进入泵壳时因冲击而引起的能量损失，在叶轮与泵壳之间有时会设置一个固定不动而带有叶片的导轮。导轮中的叶片使进入泵壳的液体逐渐转向而且流道连续扩大，使部分动能有效地转换为静压能。多级离心泵通常会安装导轮。蜗壳、叶轮上的后弯叶片及导轮均能提高动能向静压能的转化率，故均可视为转能装置。

（3）轴封装置

为避免泵内高压液体沿轴和泵壳的间隙中漏出，或防止外界空气从相反方向进入泵内，必须设置轴封装置。离心泵的轴封有填料函密封和机械密封两种。填料函密封是将泵轴穿过泵壳的环隙做成密封圈，在填料函中装入浸油或涂石墨的石棉绳等软填料。机械密封则是由装在转轴上的动环和固定在泵壳上的静环所构成，两环的端面靠弹簧力及介质力互相贴紧并作相对转动，起到了密封的作用。机械密封因密封效果好，能量损耗小，无需经常维护，在离心泵中得到了广泛应用。

## 2.1.3　离心泵的性能参数

（1）流量

流量是泵在单位时间内输送出去的液体量。用 $q_v$ 表示容积流量，单位是 $m^3/s$，用 $q_m$ 表示质量流量，单位是 $kg/s$。

$$q_m = \rho q_v \tag{2-1}$$

式中，$\rho$ 为液体的密度，常温清水 $\rho = 1000 kg/m^3$。

（2）扬程

扬程是单位重量液体从泵进口（泵进口法兰）处到泵出口（泵出口法兰）处能量的增值，也就是 1N 液体通过泵获得的有效能量。其单位是：$\dfrac{\text{N} \cdot \text{m}}{\text{N}} = \text{m}$，即泵抽送液体的液柱高度。扬程亦称有效能量头。根据定义泵的扬程可写为

$$H = E_{\text{out}} - E_{\text{in}} \tag{2-2}$$

式中，$E_{\text{out}}$ 为泵出口处单位重量液体的能量，m；$E_{\text{in}}$ 为泵进口处单位重量液体的能量，m。$E$ 为单位液体的总机械能，它由压力能、动能和位能三部分组成

$$E = \frac{p}{g\rho} + \frac{c^2}{2g} + Z \quad (\text{m}) \tag{2-3}$$

式中，$g$ 为重力加速度；$Z$ 为液体所在位置至任选的水平基准面之间的距离。有

$$H = \frac{p_{\text{out}} - p_{\text{in}}}{g\rho} + \frac{c_{\text{out}}^2 - c_{\text{in}}^2}{2g} + (Z_{\text{out}} - Z_{\text{in}}) \quad (\text{m}) \tag{2-4}$$

由式(2-4) 可知，由于泵进出口截面上的动能差和高度差均不大，而液体的密度为常数，所以扬程主要体现的是液体压力的提高。

（3）转速

泵转速是泵轴单位时间的转数，用 $n$ 表示，单位：r/min。

（4）汽蚀余量

汽蚀余量又叫净正吸头 $NPSH$，单位为 m，是表示汽蚀性能的主要参数。

（5）功率和效率

泵的功率通常指输入功率，即原动机传到泵轴上的轴功率，用 $N$ 表示，单位是 W 或 kW。泵的有效功率用 $N_e$ 表示，表示单位时间内从泵输送出去的液体在泵中获得的有效能量。

$$N_e = \frac{g\rho q_v H}{1000} \quad (\text{kW}) \tag{2-5}$$

泵的效率为有效功率和轴功率之比，用 $\eta$ 表示

$$\eta = \frac{N_e}{N} \tag{2-6}$$

泵的效率反映了泵中能量损失的程度。

### 2.1.4 离心泵运行工况的调节

改变泵的运行工况点称为泵的调节。在泵运行中为了使泵的流量、扬程运行在高效区或运行在稳定工作区，需要对泵进行调节。泵的运行工况点是泵特性曲线和装置特性曲线的交点，所以改变工况点有三种途径：一是改变泵的特性曲线；二是改变装置的特性曲线；三是同时改变泵和装置的特性曲线。

（1）改变泵特性曲线的调节

① 转速调节　对使用电动机为原动机的离心泵，通常采用交流变频器调节泵的转速，当泵的转速增加时，泵的特性曲线向右上方移动；当泵的转速减小时，泵的特性曲线向左下方移动。

② 切割叶轮外径　即减小叶轮的外径，可使泵的特性曲线向左下方移动。

③ 在叶轮前安装可调节叶片角度的前置导叶　这可改变叶轮进口前的液体绝对速率，使液流正预旋或负预旋流入叶道，以此改变扬程和流量。

④ 调节半开式叶轮叶片端部的间隙　可改变泵的流量。叶轮叶片端部的间隙增大，泵的流量会减小，而且由于叶片压力面和吸力面压差减小，泵的扬程也会降低。同时泵的轴功率和效率也将相应降低。值得说明的是，间隙调节比闸阀调节省功。

⑤ 泵的并联或串联调节　泵并联是为了增加流量；泵串联是为了增加扬程。

（2）改变装置特性曲线的调节

① 闸阀调节　这种调节方法简便，但能量损失很大，且泵的扬程曲线越陡，损失越严重。

② 液位调节　由图 2-3 可见，液位升高时，扬程增大，流量减小。而液位降低后，流量又逐渐增加，故可使液位保持在一定范围内进行调节。

③ 旁路分流调节　见图 2-4，在泵出口设有分路与吸水池相连通。此管路上装一节流阀，其中 $R_1$ 是主管的阻力曲线；$R_2$ 是旁管的阻力曲线；$R$ 是主管路和旁路并联合成曲线。旁路关闭时，泵的工况点为 $B$；打开旁路阀门时，泵的工况点为 $A$。按装置扬程相等分配流量的原则，过 $A$ 点作一水平线交于曲线 $R_1$ 于 $A_1$ 点，交于曲线 $R_2$ 于 $A_2$ 点，旁路管路中的流量为 $q_{vA_2}$，通过主管路的流量为 $q_{vA_1}$。旁路分流调节适用于流量减小而扬程也要减小的场合。

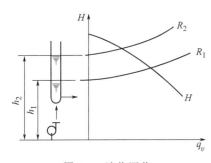

图 2-3　液位调节

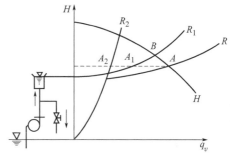

图 2-4　旁路分流调节）

### 2.1.5　离心泵的启动与运行

（1）离心泵启动前的准备

离心泵启动前的检查内容包括：

ⅰ.润滑油技术参数和加注数量是否符合离心泵技术文件的要求；

ⅱ.轴承润滑系统、密封系统和冷却系统是否畅通；

ⅲ.盘动泵的转子 1～2 转，检查转子是否有摩擦或卡住现象；

ⅳ.在联轴器附近或皮带防护装置等处，是否有妨碍转动的杂物；

ⅴ.离心泵、轴承座、电动机的基础地脚螺栓是否松动；

ⅵ.离心泵工作系统的阀门或附属装置均应处于泵运转时负荷最小的位置，应关闭出口调节阀；

ⅶ.点动泵，看其叶轮转向是否与设计转向一致，若不一致，必须在使叶轮完全停止转动后，调整电动机供电相序后，方可再启动。

（2）灌泵

离心泵在启动以前，泵壳和吸水管内必须先充满流体，这是因为有空气存在的情况下，泵吸入口真空无法形成和保持。

（3）暖泵

输送高温液体的泵，如电厂的锅炉给水泵，在启动前必须先暖泵。这是因为给水泵在启动时，高温给水流过泵内，使泵体温度从常温很快升高到 100～200℃，这会引起泵内外和各部件之间的温差，若没有足够长的传热时间和适当控制温升的措施，会使泵各处膨胀不均，造成泵体各部分变形、磨损、振动和轴承抱轴事故。

# 2.2 旋转机械转子动力学基础知识

### 2.2.1 转子系统简介

石油、化工、航空、电力、冶金等工业领域的离心泵、汽轮机、压缩机、电机及航空发动机等都是典型的旋转机械，其旋转部件为转子系统。根据 ISO 标准，由轴承支撑的旋转体称为转子，转子连同其支承轴承和基础支座等统称为转子系统。转子一般由转轴及装配在轴上的圆盘、叶轮或齿轮等各种惯性元件组合而成，轴承则起着支承转子和约束转子运动的作用。

旋转机械运转时，转子系统常常会产生振动，降低机器工作效率，影响企业的生产安全和经济效益；严重时甚至会使零部件失效，导致事故，造成巨大损失。因此，如何降低转子系统的振动是设计制造旋转机械的重要任务之一。转子系统的振动是多样且复杂的，它包括转轴的扭转振动和弯曲振动、圆盘（叶轮）的振动或盘上叶片的振动等，其中转轴的弯曲振动较为复杂，牵涉的影响因素较多。转子动力学就是以转轴的弯曲振动作为主要研究对象的，本节主要介绍刚性支承下单圆盘转子的弯曲振动动力学特征。

旋转机械转子根据其特性分为刚性转子和柔性转子。转子随着转速变化而产生变形，如果转子变形在运行转速范围内可忽略不计，则称为刚性转子；如果转子在工作转速范围内产生明显变形，则称为柔性转子。在转子动力学中，由于质量偏心而产生共振响应的旋转速度称为临界速度，转子的变形在临界速度附近变得最大。对转子临界转速的研究和计算是转子动力学的重要内容之一。由于仅考虑转子的尺寸无法确定其属于哪一类，因此可根据转子临界速度进行转子的划分。当转子以低于第一临界速度（例如低于约 70%）的速度运行且其形状不变时，转子通常被认为是刚性的；而当转子工作转速接近于或高于第一临界速度并产生轻微的弹性变形时，通常认为其是柔性转子。

早期旋转机械的转速较低，振动的起因主要是圆盘或叶轮的质量分布不均匀导致的不平衡，即重心与形心（转动轴心）的不一致，而不平衡质量引起的强迫振动与圆盘质量及偏心距的大小有定量关系，这种关系称为"不平衡质量的动力响应"。对此，常采用静平衡的方法使偏心距尽量小，就可以基本消除转子的振动。但是，随着对旋转机械工作转速以及对圆盘形状（如圆盘厚度增加成为圆柱形或锥形）的要求越来越高，单纯的静平衡已不能有效地消除转子振动，因此，需要采用动平衡的方法。

### 2.2.2 刚性支承下单盘转子的临界转速与不平衡响应

转子由圆盘和无重弹性转轴组成，转轴的两端则由完全刚性，即不变形的轴承及轴承座支持，这种模型称为刚性支承的转子系统。将支承假设为刚性支承虽然有悖于工程实际情况，但是根据刚性支承转子模型得到的运动方程，十分简明，所得到的概念和结论在转子动力学中也基本适用，它们对于较为复杂的旋转机械，虽不够精确，但仍能定性地说明问题。图 2-5 为对称刚性支承单圆盘转子系统示意图。

转子的中心 $c$ 与转轴中心 $o'$ 不重合，如图 2-6 所示。当圆盘以角速度 $\Omega$ 转动时，重心 $c$ 的加速度在坐标轴上的投影为

$$\begin{cases} \ddot{x}_c = \ddot{x} - e\Omega^2 \cos\omega t \\ \ddot{y}_c = \ddot{y} - e\Omega^2 \sin\omega t \end{cases}$$

(2-7)

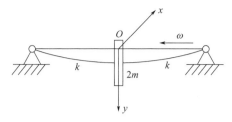

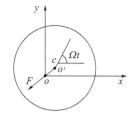

图 2-5　对称刚性支承单圆盘转子示意图　　　图 2-6　转子不平衡示意图

其中，$e = \overline{o'c}$，为圆盘的偏心距。在转轴的弹性力 $F$ 的作用下，由质心运动定理，有

$$\begin{cases} m\ddot{x}_c = -kx \\ m\ddot{y}_c = -ky \end{cases} \tag{2-8}$$

代入式（2-7），可得轴心 $o'$ 的运动微分方程为

$$\begin{cases} \ddot{x} + \omega_n^2 x = e\Omega^2 \cos\omega t \\ \ddot{y} + \omega_n^2 y = e\Omega^2 \sin\omega t \end{cases} \tag{2-9}$$

这是强迫振动的微分方程，其中系统固有频率为 $\omega_n = \sqrt{k/m}$。等式右边相当于偏心质量，即不平衡质量产生的激振力。

根据欧拉公式，将式（2-9）改写为复变量形式，即令 $z = x + iy$，得到

$$\ddot{z} + \omega_n^2 z = e\Omega^2 \mathrm{e}^{i\omega t} \tag{2-10}$$

其特解为

$$z = A\mathrm{e}^{i\omega t}$$

代入式（2-10）后，可以求得振幅

$$|A| = \left| \frac{e\Omega^2}{\omega_n^2 - \Omega^2} \right| = \left| \frac{e(\Omega/\omega_n)^2}{1 - (\Omega/\omega_n)^2} \right| \tag{2-11}$$

根据式（2-11）可以看出，当 $\Omega = \omega_n$ 时，即转子转频等于系统固有频率时，系统振幅 $|A| \rightarrow \infty$，此转频对应的转速常称为临界转速；当 $\boldsymbol{\Omega} \gg \omega_n$ 时，$A \approx -e$，或 $\overline{oo'} \approx -\overline{o'c}$，此时圆盘的重心 $c$ 近似地落在固定点 $o$，振动很小，转动反而比较平稳，这种情况称为"自动对心"。

根据式（2-11），得到圆盘或转轴中心 $o'$ 对于不平衡质量的响应为

$$z = \frac{e(\Omega/\omega_n)^2}{1 - (\Omega/\omega_n)^2} \mathrm{e}^{i\omega t} \tag{2-12}$$

如果研究不平衡响应时考虑外阻力的作用，则式（2-10）变为

$$\ddot{z} + 2\dot{z} + \omega_n^2 z = e\Omega^2 \mathrm{e}^{i\Omega t} \tag{2-13}$$

设其特解为

$$z = |A| \mathrm{e}^{i(\Omega t - \theta)}$$

代入后可得

$$(\omega_n^2 - \Omega^2 + 2n\Omega i)|A| = e\Omega^2 \mathrm{e}^{i\theta}$$

由欧拉公式 $e^{i\theta} = \cos\theta + i\sin\theta$ 得

$$\begin{cases} (\omega_n^2 - \Omega^2)|A| = e\Omega^2\cos\theta \\ 2n\Omega|A| = e\Omega^2\sin\theta \end{cases}$$

根据上式可以解得 $|A|$ 和 $\theta$

$$|A| = \frac{e(\Omega/\omega_n)^2}{\sqrt{[1 - (\Omega/\omega_n)^2]^2 + (2n/\omega_n)^2(\Omega/\omega_n)^2}} \tag{2-14}$$

$$tg\theta = \frac{(2n/\omega_n)(\Omega/\omega_n)}{1 - (\Omega/\omega_n)^2} \tag{2-15}$$

振幅 $|A|$ 与相位差 $\theta$ 随转动角速度对固有频率的比值 $\Omega/\omega_n$ 而改变的曲线，即幅频响应曲线与相频响应曲线分别如图 2-7 和图 2-8 所示。

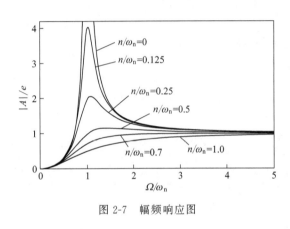

图 2-7 幅频响应图

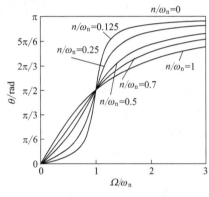

图 2-8 相频响应图

由图 2-7 以及式（2-14）可以看出，由于考虑外阻力的作用，转子中心 $o'$ 对于不平衡响应在 $\Omega = \omega_n$ 时不再是无穷大，是有限值，而且不是最大值。最大值发生在 $\Omega > \omega_n$ 时。对于实际的转子系统，有时在升速或降速过程中，用测量响应的办法来确定临界转速。因为在转子升速或降速过程中，测量响应的最大值比较容易，所以常把出现最大值（即峰值）时的转速作为临界转速。测量所得的临界转速在升速时略大于前面所定义的临界转速 $\omega_n$，而在降速时则略小于 $\omega_n$。

由图 2-8 以及式（2-15）可以看出，由于阻尼的存在，相位差 $\theta \neq 0$ 或 $\pi$，说明转子中心 $o'$、重心 $c$ 和固定点 $o$ 不在同一直线上。但当 $\Omega \gg \omega_n$ 时，$\theta \approx \pi$，此时仍可认为三点在同一直线上，而且仍然有"自动对心"现象。

### 2.2.3 转子动平衡

旋转机械转子不平衡在实际中是不可避免的，它有多种产生原因，例如制造和装配的误差、热变形、结构不对称、材料不均匀、磨损、腐蚀、掉块以及维修过程中工艺误差等。

（1）转子不平衡分类

转子不平衡主要分为力不平衡、偶不平衡和动不平衡三类。力不平衡如图 2-9(a) 所示，转子惯性主轴平行于旋转轴且转子的重心 $G$ 与旋转轴偏离 $e$，$e$ 为"偏心距"。这种由于偏心距产生的不平衡力 $F$ 与转速平方成正比，即 $F = me\omega^2$。偶不平衡如图 2-9（b）所示，惯性主轴不平行于旋转轴，但重心 $G$ 与旋转轴相交且在旋转轴上，$\alpha$ 称为"倾斜角"，不平衡力 $F$ 向重心简化得到一个合力偶。动不平衡如图 2-9(c) 所示，包含静不平衡和偶不平衡两种情况，因此其惯性主轴不平行于旋转轴且重心 $G$ 与旋转轴相交但不在旋转轴上。在实际转子上不平衡分布可表达为图 2-9(d)，将转子划分为垂直于旋转轴的、具有不平衡量的薄片单元，该不平衡量的大小和方向随单元的位置而变化。

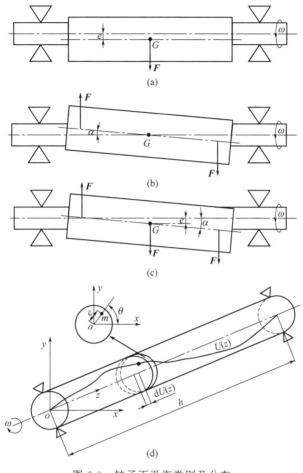

图 2-9　转子不平衡类别及分布

（2）刚性转子的平衡

刚性转子的振型曲线随转子转速的变化可忽略，因此对其进行平衡时通常在其工作转速下进行。而且根据刚性转子的长径比、不平衡量的分布情况，平衡时通过单面平衡或双面平衡即可将转子的力不平衡量或偶不平衡量抵消，从而使其达到旋转机械的平衡精度。下面对刚性转子的单面平衡和双面平衡方法做简要介绍。

① 单面平衡　当转子很薄并且圆盘垂直安装在轴上时，可以通过在一个平面上增加一个校正配重来达到平衡。在这种情况下，可以通过静平衡或动平衡（影响系数法、三圆法）来检测不平衡量的大小和相位，然后通过不平衡量的去重或在其相反方向添加质量 $m_1$ 的校正配重（图 2-10）进行平衡，此方法称为单面平衡。

② 双面平衡　理论上对于各类不平衡均可通过两个平衡平面进行平衡，如图 2-11 所示，图 2-11(a) 为具有力不平衡的转子及其集中质量的等效模型。如果由于偏心距产生的离心力被校正配重产生的离心力抵消，则可达到平衡。在实际的机械中，平衡平面（Ⅰ和Ⅱ）的位置由转子的形状决定，通过去除转子在平面Ⅰ和Ⅱ中的某些部分或安装校正配重来实现平衡。假设质量 $m_1$ 和 $m_2$ 分别附着在半径 $a_1$ 和 $a_2$ 的表面上。为了通过离心力 $F_1 =$

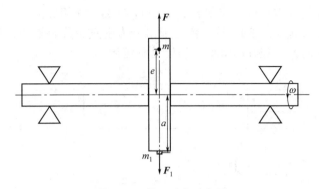

图 2-10 单面平衡示意图

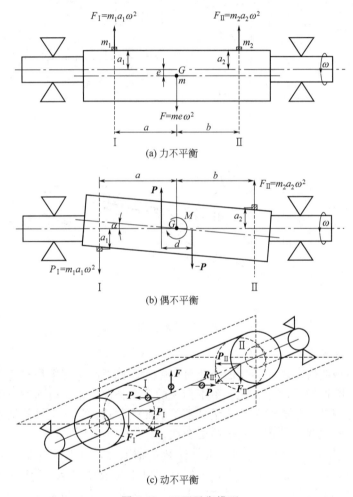

(a) 力不平衡

(b) 偶不平衡

(c) 动不平衡

图 2-11 双面平衡模型

$m_1 a_1 \omega^2$ 和 $F_{\mathrm{II}} = m_2 a_2 \omega^2$ 消除不平衡力 $F$，图 2-11(a) 中的力之间必须保持以下关系

$$\boldsymbol{F}_{\mathrm{I}} + \boldsymbol{F}_{\mathrm{II}} = \boldsymbol{F}, \boldsymbol{F}_{\mathrm{I}} a = \boldsymbol{F}_{\mathrm{II}} b \tag{2-16}$$

因此得到

$$F_{\mathrm{I}} = \frac{bF}{a+b}, F_{\mathrm{II}} = \frac{aF}{a+b} \tag{2-17}$$

对于图 2-11(b) 所示的偶不平衡，由于倾斜角产生的力矩 $M$ 可以等效地由一对力 $P$ 代

替，它们与 α 在同一平面上并相距 $d$。添加校正配重 $m_1$ 和 $m_2$，用产生的离心力 $P_\text{I}=m_1a_1\omega^2$ 和 $P_\text{II}=m_2a_2\omega^2$ 来消除力矩 $\boldsymbol{M}$。在这种情况下必须满足以下关系

$$P_\text{I}a+P_\text{II}b=M,P_\text{I}=P_\text{II} \tag{2-18}$$

后者是防止由于添加 $m_1$ 和 $m_2$ 而产生新偏心距的条件，需要注意的是 $\boldsymbol{P}_\text{I}=-\boldsymbol{P}_\text{II}$。从式 (2-18) 得到

$$P_\text{I}=P_\text{II}=\frac{M}{a+b} \tag{2-19}$$

图 2-11(c) 显示了动不平衡的情况，通过在平衡平面 Ⅰ 和 Ⅱ 中添加校正配重来实现平衡，以产生由矢量关系确定的合力 $\boldsymbol{R}_\text{I}$ 和 $\boldsymbol{R}_\text{II}$

$$\boldsymbol{R}_\text{I}=\boldsymbol{F}_\text{I}+\boldsymbol{P}_\text{I},\boldsymbol{R}_\text{II}=\boldsymbol{F}_\text{II}+\boldsymbol{P}_\text{II} \tag{2-20}$$

从而进行平衡。

（3）柔性转子的平衡

刚性转子的动平衡技术仅适用于工作范围远低于第一临界速度且转子没有弯曲的情况，并不适用于在高速范围内变形的转子。柔性转子在转速低于临界转速时处于平衡状态（图 2-12），当转速变化时转子振型曲线也随之变化（图 2-13），此时转子的平衡条件被破坏了。由于振型曲线随转速变化，因此平衡柔性转子时需要考虑多个转速的不平衡振动状态。

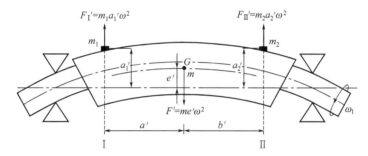

图 2-12　转子临界转速时的平衡状态

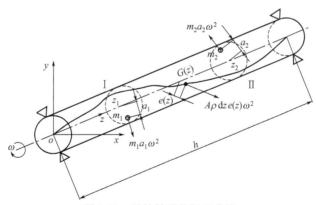

图 2-13　柔性转子的振型曲线

通过在图 2-13 中平衡平面 Ⅰ 和 Ⅱ 处安装一组校正配重 $m_1$ 和 $m_2$ 来平衡转子，需要满足以下条件：首先离心力的总和必须为零，即

$$\left.\begin{array}{l} \int_0^h A\rho e_x(z)\omega^2\mathrm{d}z+m_1a_{1x}\omega^2+m_2a_{2x}\omega^2=0 \\ \int_0^h A\rho e_y(z)\omega^2\mathrm{d}z+m_1a_{1y}\omega^2+m_2a_{2y}\omega^2=0 \end{array}\right\} \tag{2-21}$$

其次，为了防止力矩从转子传递到轴承，离心力产生的力矩综合必须为零，即

$$\left.\begin{array}{l}\int_0^h A\rho e_x(z)\omega^2 z\,dz + m_1 a_{1x}\omega^2 z_1 + m_2 a_{2x}\omega^2 z_2 = 0 \\[2mm] \int_0^h A\rho e_y(z)\omega^2 z\,dz + m_1 a_{1y}\omega^2 z_1 + m_2 a_{2y}\omega^2 z_2 = 0\end{array}\right\} \tag{2-22}$$

式中　$A$——转子截面面积；

　　　$\rho$——转子密度。

式（2-21）和式（2-22）必须同时成立。但是如上所述，即使通过以一定的转速施加 $m_1$ 和 $m_2$ 来满足这些条件，当转子以不同的转速偏转时，这些条件也不成立。在图 2-14 中，如果安装了无限数量的校正配重，它们具有与不平衡相同的分布形式，但方向相反，则可以平衡所有转速的转子，以消除不平衡，如虚线所示。但是这种平衡过程实际上是不可能的，因此人们提出了各种类型的用于柔性转子的实用平衡技术，接下来将对模态平衡法和影响系数法两种典型的平衡方法做简要介绍。

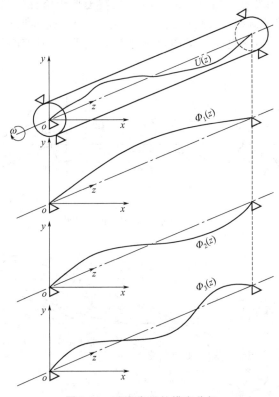

图 2-14　不平衡量的模态分解

① 模态平衡法　根据各阶主模态振型的正交性，连续转子的不平衡量可以通过各阶主模态进行分解（图 2-14）。模态平衡法的原理就是从低阶模态到高阶模态逐步消除不平衡分量，从而使柔性转子达到平衡状态。模态平衡有 $N$ 面平衡和 $N+2$ 面平衡两种。$N$ 面平衡时通过 $N$ 个平衡平面来减小 $1\sim N$ 阶的振幅，而 $N+2$ 平面模态平衡通过使用两个附加的平衡平面将传递到轴承的力减小。

② 影响系数法　在动平衡前需要先确定平衡转速，然后按照转子结构选择两个平衡平面并布置好测点。动平衡操作步骤中，转子一共需要以下三次停车：

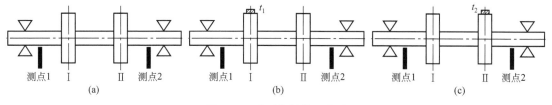

图 2-15　动平衡操作示意图

ⅰ.第一次起车［图 2-15(a)］：无试重情况下使转子在动平衡目标下运行，从而在测点测取原始不平衡振动 $o_1$ 及 $o_2$，下角标 1、2 表示测点。

ⅱ.第二次起车［图 2-15(b)］：在平衡平面Ⅰ添加平衡试重 $t_1$，并使转子在动平衡目标转速下运行，从而在测点测取试重响应 $v_{11}$ 及 $v_{21}$（第一个下角标 1、2 表示测点，第二个下角标 1 表示第一次试重）。

ⅲ.第三次起车［图 2-15(c)］：取下平衡平面Ⅰ的平衡试重 $t_1$，在平衡平面Ⅱ添加试重 $t_2$，并使转子在动平衡目标转速下运行，从而在测点测取试重响应 $v_{12}$ 及 $v_{22}$。

通过

$$a_{11}=\frac{v_{11}-o_1}{t_1} \tag{2-23}$$

求取影响系数后，将影响系数和原始振动代入平衡条件式

$$\begin{bmatrix} o_1 \\ o_2 \end{bmatrix} + \begin{bmatrix} a_{11} & a_{12} \\ a_{21} & a_{22} \end{bmatrix} \begin{bmatrix} u_1 \\ u_2 \end{bmatrix} = \begin{bmatrix} 0 \\ 0 \end{bmatrix} \tag{2-24}$$

求解（2-24）式得

$$\begin{bmatrix} u_1 \\ u_2 \end{bmatrix} = -\begin{bmatrix} a_{11} & a_{12} \\ a_{21} & a_{22} \end{bmatrix}^{-1} \begin{bmatrix} o_1 \\ o_2 \end{bmatrix} \tag{2-25}$$

将计算校正配重分别施加到平衡平面进行转子的平衡，若振动值达到平衡标准则结束平衡，否则重复上述步骤继续平衡直至振动达标。

# 2.3　旋转机械常见故障及特点

### 2.3.1　旋转机械常见故障

由于旋转机械的结构、零部件设计加工、安装调试、维护检修、机器劣化等方面的原因和运行操作方面的失误，机器在运行过程会产生各种故障，常见的故障有不平衡故障、不对中故障、轴承故障等。

### 2.3.2　旋转机械常见故障特点

（1）不平衡故障

转子不平衡是由于转子部件质量偏心或转子部件出现缺损而造成的故障，它是旋转机械最常见的故障。设转子的质量为 $M$，偏心质量为 $m$，偏心距为 $e$，如果转子的质心到两轴承连心线的垂直距离不为零，具有挠度 $a$，如图 2-16 所示。

由于有偏心质量 $m$ 和偏心距 $e$ 的存在，转子转动时将产生离心力、离心力矩或两者兼而有之。离心力的大小与偏心质量 $m$、偏心距 $e$ 及旋转角速度 $\omega$ 有关，即 $F=me\omega^2$。交变力（方向、大小均周期性变化）会引起振动，这就是不平衡一起振动的原因。转子转动一周，离心力方向改变一次，因此不平衡振动的频率与转速相一致。

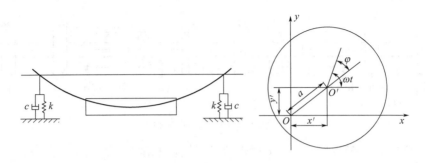

图 2-16　转子不平衡故障模型

转子不平衡故障的主要振动特征如下：

ⅰ.振动的时域波形近似为正弦波。

ⅱ.频谱中，谐波能量集中于基频，并且会出现较小的高次谐波。

ⅲ.在临界转速以下，振幅随着转速的增加而增加；在临界转速以上，转速增加时振幅趋于一个较小的稳定值；当接近于临界转速时，转子系统发生共振，振幅具有最大峰值。

ⅳ.按发生不平衡的过程可分为原始不平衡、渐发性不平衡及突发性不平衡三种。其中，原始不平衡的振动稳定，渐发性不平衡振动逐渐增发，突发性不平衡振动突然增大后稳定。

ⅴ.工作转速一定时，相位稳定。

ⅵ.转子的轴心轨迹为椭圆。

ⅶ.从轴心轨迹观察起进动特征为同步正进动。

（2）不对中故障

转子系统不对中故障主要包括轴承不对中和联轴器不对中。轴承不对中是指轴颈在轴承中的偏斜；联轴器不对中是指转子与联轴器之间的轴心线不重合。轴承不对中常发生于使用滑动轴承的旋转机械中。一方面不对中加大了轴承在水平方向和垂直方向刚度和阻尼不一致的程度，不对中过大会使轴承工作条件改变，严重时会使转子失稳或产生磨碰；另一方面不对中又使轴颈中心和平衡位置发生变化，使轴系载荷重新分配，从而使滑动轴承油膜特性、转子系统的支撑特性改变。

联轴器位置产生不对中的主要原因是在吊装、安装的过程中产生误差，联轴器找正不合格，检修过程中操作不当等。常见的联轴器不对中有图 2-17 所示的三种情况：平行不对中、角度不对中和综合不对中。由于操作过程中存在误差是必然的，故一般以二者叠加综合不对中最为常见。

(a) 平行不对中　　　　　　(b) 角度不对中　　　　　　(c) 综合不对中

图 2-17　联轴器不对中故障示意图

联轴器不对中会使转子系统产生附加弯矩，其作用是力图减小转子的偏角。转子每旋转一周，该弯矩方向改变一次。因此，不对中增加了转子的轴向力，使转子在轴向产生工频振动。

不对中故障的主要振动特征如下：

ⅰ.时域波形为一倍频和二倍频的叠加波形。

ⅱ. 频谱中，以二倍频为主，且伴有一倍频及高次谐波。

ⅲ. 从振动方向来看，径向振动和轴向振动均较大。

ⅳ. 振动相位较稳定。

ⅴ. 轴心轨迹为双环椭圆。

ⅵ. 转子进动方向为正进动。

（3）轴承故障

滚动轴承的典型结构如图 2-18 所示，它由内圈、外圈、滚动体和保持架四部分组成。滚动轴承的主要故障形式为疲劳剥落、磨损、塑性变形、锈蚀、断裂、胶合及保持架损坏等。

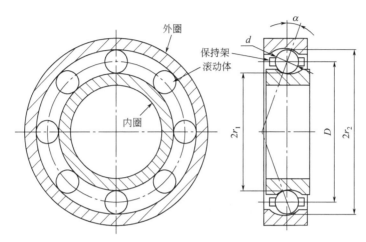

图 2-18　滚动轴承的典型结构

通常，假定轴承滚道与滚动体之间无相对滑动，且认为在径向载荷、轴向载荷作用下各部分均不发生形变。将内外圈滚道的回转频率分别记作 $f_i$ 和 $f_o$，滚动体的个数记为 $Z$，单个滚动体在内外滚道上的通过频率见表 2-1。

表 2-1　单个滚动体在内外滚道上的通过频率

| 物理量 | 公式 |
|---|---|
| 内滚道上一点的速度 $V_i$ | $V_i = 2\pi r_1 f_i = \pi f_i (D - d\cos\alpha)$ |
| 外滚道上一点的速度 $V_o$ | $V_o = 2\pi r_2 f_o = \pi f_o (D + d\cos\alpha)$ |
| 保持架旋转频率 $f_c$ | $f_c = \dfrac{V_i + V_o}{2\pi D} = \dfrac{1}{2}\left[\left(1 - \dfrac{d}{D}\cos\alpha\right)f_i + \left(1 + \dfrac{d}{D}\cos\alpha\right)f_o\right]$ |
| 单个滚动体在外滚道上的通过频率 $f_{oc}$ | $f_{oc} = f_o - f_c = \dfrac{1}{2}(f_o - f_i)\left(1 - \dfrac{d}{D}\cos\alpha\right)$ |
| 单个滚动体在内滚道上的通过频率 $f_{ic}$ | $f_{ic} = f_i - f_c = \dfrac{1}{2}(f_i - f_o)\left(1 + \dfrac{d}{D}\cos\alpha\right)$ |
| 滚动体相对保持架的通过频率 $f_{bc}$ | $f_{bc} = \dfrac{1}{2} \times \left(\dfrac{D}{d}\right)(f_i - f_o)\left[1 - \left(\dfrac{d}{D}\right)^2\cos^2\alpha\right]$ |

根据滚动轴承的实际工作情况，定义滚动轴承内外圈的相对转动频率为

$$f_r = f_i - f_o \tag{2-26}$$

一般情况下，滚动轴承外圈固定、内圈旋转，则有

$$f_o = 0$$

$$f_r = f_i - f_o = f_i$$

同时考虑到滚动轴承有 $Z$ 个滚动体，则滚动轴承的特征频率见表 2-2。

表 2-2 滚动轴承滚动体在内外滚道的通过频率

| 物理量 | 公式 |
| --- | --- |
| 滚动体在外圈滚道上的通过频率 $F_{oc}$ | $F_{oc} = \dfrac{Z}{2}\left(1 - \dfrac{d}{D}\cos\alpha\right)f_r$ |
| 滚动体在内圈滚道上的通过频率 $F_{ic}$ | $F_{ic} = \dfrac{Z}{2}\left(1 + \dfrac{d}{D}\cos\alpha\right)f_r$ |

滚动轴承故障的振动特征如下：

ⅰ.当轴承内圈产生损伤时，如剥落、裂纹、点蚀等，会产生频率为 $nZf_i\,(n=1,2,\cdots)$ 的冲击振动。

ⅱ.当轴承外圈发生损伤时，如剥落、裂纹、点蚀等，会产生频率为 $nZf_o\,(n=1,2,\cdots)$ 的冲击振动。

ⅲ.当轴承滚动体发生损伤时，如剥落、裂纹、点蚀等，缺陷部位通过内圈或外圈表面时，会产生频率为 $2nf_{bc}\,(n=1,2,\cdots)$ 的冲击振动。

# 2.4 往复式压缩机的结构与工作过程

压缩机是将机械能转变为气体能量的设备，用于气体增压与气体输送。根据结构形式的不同，主要分为速度式和容积式两类。速度式压缩机通过提高气体分子的运动速率，使气体分子具有的动能转化为气体的压力能，从而提高压缩空气的压力。容积式压缩机依靠改变工作腔的容积来提高气体压力。由于容积式压缩机大多有活塞，故又称为活塞式压缩机，按照其结构形式的不同又有往复活塞和回转活塞之分，前者称为往复式，后者称为回转式。

## 2.4.1 往复式压缩机的组成部分

（1）工作腔部分

往复式压缩机的工作腔部分是直接处理气体的部分，它包括气阀、气缸、活塞等部分。气体从气缸上方的进气管进入气缸吸气腔，然后通过吸气阀进入气缸工作腔，经压缩提高压力后再通过排气阀到排气腔中，最后通过排气管流出气缸。

（2）传动部分

传动部分是把电动机的旋转运动转化为活塞往复运动的一组驱动机构，包括连杆、曲轴和十字头等。曲柄销与连杆大头相连，连杆小头通过十字头销与十字头相连，最后由十字头与活塞杆相连接。

（3）机身部分

机身部分是用来支承（或连接）气缸部分和传动部分的零部件，此外还可能安装其他辅助设备。

（4）辅助设备

辅助设备是指除上述主要的零部件外，为使机器正常工作而设的相应设备。如向运动机构和气缸的摩擦部位供润滑油的油泵和注油器；中间冷却系统；当需求的气量小于压缩机正常供给的气量时，以使供给气量降低的调节系统。此外，在气体管路系统中还有安全阀、滤清器、缓冲容器等。

往复式压缩机的结构如图 2-19 所示。

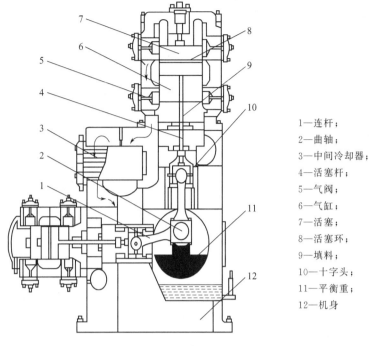

1—连杆；
2—曲轴；
3—中间冷却器；
4—活塞杆；
5—气阀；
6—气缸；
7—活塞；
8—活塞环；
9—填料；
10—十字头；
11—平衡重；
12—机身

图 2-19　往复式压缩机

### 2.4.2　往复式压缩机的工作过程

压缩气体进入工作腔内完成一次气体压缩称为一级。每个级由吸气、压缩、排气等过程组成，完成一次上述过程称为一个循环。

（1）理论压缩循环

气体在工作腔内进行的理论循环具有以下特征：

ⅰ. 工作腔内无余隙容积，缸内的气体被全部排出；

ⅱ. 气体通过进、排气阀时无压力损失，且进、排气压力没有波动，保持恒定；

ⅲ. 工作腔作为一个孤立体与外界无热交换；

ⅳ. 气体无泄漏；

ⅴ. 气体压缩过程指数为定值。

图 2-20 表示了压缩机理论循环中气缸内压力随容积变化的规律，称为示功图（$p$-$V$ 图）或指示图。当活塞由外止点 $A$ 向内止点 $B$ 运动时，气体便通过吸气阀进入气缸，因为无压力损失，此时气缸中的压力与进气管道中的压力相同，其值为 $p_1$。

当活塞运动到内止点 $B$ 时，吸气结束，对应于图 2-20 中 4—1 过程，称为吸气过程。活塞由内止点 $B$ 向外止点 $A$ 运动，气体受到压缩，随着工作腔容积的不断减小压力不断增高，直到压力达到排出压力，对应于图 2-20 中 1—2 过程，称为压缩过程。此时排气阀打开，排气过程开始，随着活塞向外止点 $A$ 移动，气体不断被排出气缸，最后当活塞到达外止点 $A$ 时，气体完全被排出，排气阀关闭，对应于图 2-20 中 2—3 过程，为排气过程。同样，排气时气缸内的压力和排出管道中的压力相同为 $p_2$。上述过程重复发生，指示图中的过程 4—1—2—3—4 称为压缩机的理论工作循环，或称理论循环。

（2）实际压缩循环

气体在工作腔内进行的实际循环如图 2-21 所示，具有以下特征。

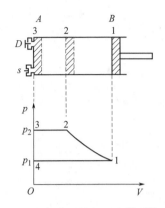
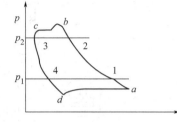

图 2-20　往复式压缩机理论循环指示图　　图 2-21　往复式压缩机的实际循环指示图

ⅰ.工作腔存在余隙容积，因此在排气终了时，余隙容积中必然存在高压气体，并在活塞自外止点 $a$ 返回时它先行膨胀，故在压力指示图呈现有一个膨胀过程，如图 2-21 中的 3—4 过程。

ⅱ.气体流经进、排气阀和管道时必然有摩擦，由此产生压力损失，并且在阀门开启时，通常要克服自动阀阀片上的弹簧力，这就要求气缸内外有足够的压差，所以实际进气过程是由 $d$ 点开始的，整个进气过程气缸内的压力一般也低于进气管道中的名义进气压力。排气过程自 $b$ 点开始，排气压力高于排气管中的压力。

ⅲ.气体与各接触壁面间始终存在温差，这导致不断有热量吸入和放出。

ⅳ.气缸容积不可能绝对密封。气缸的工作腔部分依靠气阀与进、排气系统相隔离；依靠活塞环等零件来密封活塞与气缸的间隙；依靠填料来密封活塞杆通过气缸的部分。这些部位都不能做到完全密封，因此必然有气体自高压区向低压区泄漏。由于泄漏，压缩和膨胀过程会变得比较平坦。

ⅴ.阀室容积不是无限大。往复式压缩机间断地吸、排气时，工作容积中的气体间断地从进、排气系统吸入和排出，由此使与工作腔相连的部分容积中产生压力波动，并反过来影响气体的压力。

ⅵ.由于进、排气系统是一个固定的封闭容积，且相对于工作腔容积并不太大，进气过程中压力能明显地逐渐降低，排出过程中压力能明显地升高。

# 2.5　往复式压缩机气阀故障诊断基础知识

往复式压缩机是一种通用机械设备，在运转过程中由于各方面原因会出现各种故障，影响生产，造成经济损失，严重的故障甚至会导致伤亡事故。通过故障诊断能够及时发现故障，从而采取必要的维修措施，来降低压缩机故障带来的损失。因此往复式压缩机的故障诊断具有重要的实际意义。

往复式压缩机的故障诊断关键在于有效地提取出故障特征值，找出故障和故障特征值的对应关系，再根据故障特征值的差异区分出各类故障。小波变换是现代信号分析领域的一种非常有效的工具，改善了传统的傅里叶变换，能将信号的时频特性反映出来，在机械故障诊断领域有着广泛的应用。本节对往复式压缩机气阀的故障、气阀振动信号的提取及对气阀振动信号进行小波包分解的方法等做一简单介绍。

## 2.5.1　往复式压缩机常见故障及故障特点

（1）往复式压缩机常见故障

往复式压缩机运行过程中经常出现的故障主要有两类：一类是热力性能故障，主要表现为压缩机工作时排气量不足，排气压力、温度异常等；另一类是机械性能故障，属于机器动力性能故障，其主要表现是压缩机工作时出现异常响声、振动和过热。热力性能故障一般通过压力和温度的测量来诊断故障，而机械性能故障则主要通过对机器振动、温度信号的分析来判断故障类型及故障出现的部位。典型的机械故障有阀片碎裂、十字头及活塞杆断裂、活塞环断裂、气缸开裂、气缸和气缸盖破裂、曲轴断裂、连杆断裂和变形、连杆螺栓断裂、活塞卡住与开裂、机身断裂和烧瓦、电机故障等。

据统计，往复式压缩机有 60%以上的故障发生在气阀上，能够及时发现气阀故障对往复式压缩机故障诊断是相当重要的。另外，活塞杆断裂、裂纹事故也较常见。因此，往复式压缩机故障在线监测与诊断的研究主要是针对以上几种典型的机械故障。

（2）往复式压缩机故障特点

往复式压缩机振源多、结构复杂、工作环境恶劣、信号存在较强的非线性和非平稳性，使得信号采集、状态监测、故障诊断难度加大。同时往复式压缩机的庞大的外形及复杂的结构组件使得易损件增多，加大了检修的难度。因此，往复式压缩机这些自身的结构特点和工作原理，限制了一些测试方法和分析方法的应用。

往复式压缩机系统具有典型的非平稳性，同时由于各部件之间的激励和响应的相互耦合使得监测的信号具有非线性的特点。压缩机工作过程中，零部件的磨损、疲劳、老化等因素都会引起系统结构上的劣化与失效，导致各子系统因果关系的变化。解决这些问题的关键之一是对监测信号进行有效的分析。

### 2.5.2 故障诊断过程与小波变换

#### 2.5.2.1 往复式压缩机气阀故障诊断过程

（1）信号采集

压缩机在运行过程中会伴随着振动、力、热、声音等各种信号的变化，不同类型信号的变化反映了往复式压缩机系统不同的运行状态。根据不同的诊断需要，选择能充分表征设备工作状态的信号进行测试是十分重要的。

（2）信号处理

现场采集来的信号需要对其进行分析、处理并进行信号特征值的提取。如对振动信号进行滤波、变换等。随着计算机技术和数字信号处理技术的发展，信号处理和分析的手段日益丰富。针对往复式压缩机信号的特点，选择合适的信号处理方法已经成为往复式压缩机故障诊断工作的重点。

（3）信号特征值提取

经处理后的信号有时不能直接反映出故障信息，这时需要对处理后的信号进行故障特征值的提取，目的是将提取出的不同故障特征值与不同的故障形成映射关系，基于粗糙集理论，从而实现根据不同故障特征值诊断出对应的故障。

（4）故障分析

故障分析是根据信号特征值提取的结果，综合故障机理的相关知识，对设备状态进行分析判断，对故障部位进行定位，判定故障程度，并由此来决定应该采取的对策和措施。同时应根据信号进行趋势分析，预测设备将来可能发展的趋势，为制订维修计划提供依据。往复式压缩机的故障诊断是在状态监测的基础上，揭示故障类型及存在的部位、故障程度，预知故障发展的趋势，使往复式压缩机的维护最终实现预知维修方式。

#### 2.5.2.2 小波分析方法在压缩机气阀故障诊断中的应用

① 小波变换理论　小波分析是近年来发展起来的新兴学科，作为一种分析工具，在信

号调和分析领域里被誉为"数学显微镜"。小波变换是实现信号在不同频带、不同时刻的分离，将信号分解成一系列不同频带对应的子信号的叠加，小波函数是由一个母小波经过平移与尺度伸缩得来的。

若基本小波函数（即母小波）为 $\Psi(t)$，伸缩参数和平移参数分别为 $a$ 和 $b$，则由母小波生成的依赖于参数的连续小波有如下定义

$$\Psi_{a,b}(t)=|a|^{\frac{1}{2}}\Psi\left(\frac{t-b}{a}\right) \quad a,b\in\mathbf{R},a\neq 0 \tag{2-27}$$

设 $\{\Psi_{a,b}(t)\}$ 是按式(2-27)给出的基本小波，对平方可积分即具有有线能量的函数 $f(t)\in L^2(R)$ 的连续小波变换定义为

$$CWT_f(a,b)=\langle f(t),\Psi_{a,b}(t)\rangle=|a|^{-\frac{1}{2}}\int_{-\infty}^{+\infty}f(t)\Psi\left(\frac{t-b}{a}\right)\mathrm{d}t,a\neq 0 \tag{2-28}$$

作为母小波，$\Psi(t)=0$ 必须是时域上以 $t=0$ 为中心的实的或复的带通函数，即为随时间振荡的一段波，小波名称也由此而来。

在式(2-27)中，参数 $a$ 和 $b$ 取连续值的小波是连续小波，主要用于理论分析。在实际计算中，必须对尺度参数 $a$ 和平移参数 $b$ 进行离散化，$a$ 和 $b$ 取离散值的小波称为离散小波。离散方法有多种，通常采用二进制离散小波形式。取

$$a=a_0^{-j}, \quad b=kb_0a_0^{-j}$$

其中 $a_0>1$，$b_0>0$，$j,k\in\mathbf{Z}$，则由式(2-27)得

$$\Psi_{j,k}(t)=a_0^{\frac{j}{2}}\Psi\left(\frac{t-kb_0a_0^{-j}}{a_0^{-j}}\right) \tag{2-29}$$

离散小波变换为

$$C_f(j,k)=\int_{-\infty}^{+\infty}f(t)\Psi_{j,k}(t)\mathrm{d}t \tag{2-30}$$

如果特殊地取 $a_0=2$，$b_0=1$，则

$$\Psi_{j,k}(t)=2^{\frac{j}{2}}\Psi(2^jt-k) \tag{2-31}$$

这就是经过二进制离散化的小波函数。

② 小波分析　实际上是把信号分解成低频的粗略部分与高频的细节部分，然后只对低频细节再做第二次分解，分解成低频部分与高频部分，而不对高频部分做第二次分解，如图2-22所示，按照这种分解方法得到的分解系数序列即为小波分解，的系数结果。信号 $S$ 为

$$S=A1+D1=A2+D2+D1=A3+D3+D2+D1$$

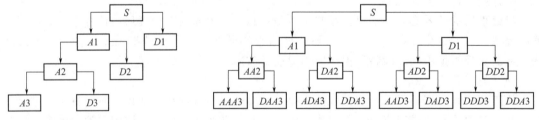

图 2-22　小波分解示意图　　　　　　图 2-23　小波包分解示意图

③ 小波包分析　是从小波分析延伸出来的一种对信号进行更加细致的分析与重构的方法。小波包克服了小波时间分辨率高而频率分辨率低的缺点，为信号分析提供了一种更加精细的方法。它将频带进行多层次划分，不仅对信号的低频部分进行分解，而且对高频部分也做了二次分解，如图2-23所示。信号 $S$ 为

$$S = AAA3 + DAA3 + ADA3 + DDA3 + AAD3 + DAD3 + DDD3 + DDA3$$

小波包分析还可以根据被分析信号的特征，自适应地选择相应的频带，使之与信号频率谱相匹配，从而提高了时-频分辨率。

小波包的主要优点是对信号的高频部分做更加细致的刻画，对信号的分析能力更强。

2.5.2.3 振动信号的小波包特征向量提取

① 小波基函数的选取 在往复式压缩机气阀故障诊断中为了有效地分析其非平稳振动信号，在选择小波基时，主要满足区间的紧支撑和足够的消失矩阶数，这样可以有效地提取振动信号的故障特征值。

daubechies 小波基系列是典型的具有紧支撑性的正交小波基，因此以 daubechies 小波基系列作为分析的小波基，其结果具有代表性。

② 小波包分解与单支重构 利用小波包分解与重构的方法提取故障特征向量，可按以下步骤进行：

ⅰ.三层小波包分解。小波基函数的选取是很重要的，在选取了 daubechies 小波基系列以后，还要适当选择小波包分解的层数，如分解层数过少，则不能有效提取故障特征；如分解层数过多，则特征向量的维数大，会影响诊断速度。根据往复式压缩机的故障特征，采用三层小波包分解构成 8 维特征向量来提取往复式压缩机的故障特征值。

三层小波包分解可以采用函数：$t = wpdec(s, 3, 'db20', 'shannon')$。其中：$s$ 表示被分解信号，3 代表分解层数，db20 表示分解采用的是 daubechies 小波基函数，shannon 表示分解所选取的熵值分别提取第三层从低频到高频 8 个频率成分的信号特征。

三层小波包分解树如图 2-23 所示，$S$ 代表原始信号，用 $S(0,0)$ 表示，A1(1,0) 和 D1(1,1) 分别表示原始信号经过一层小波包分解之后的低频和高频信号，第一层分解的低频和高频系数用 $X_{10}$ 和 $X_{11}$ 表示，其他依此类推。通常用 $(i,j)$ 表示第 $i$ 层的第 $j$ 个节点，其中，$i = 0, 1, 2, 3$；$j = 0, 1, 2, \cdots, 7$，每个节点都代表一定频率的信号。$X_{ij}$ 表示第 $i$ 层的第 $j$ 个节点的小波包分解系数。A 表示低频，D 表示高频，末尾的序号数表示小波包分解的层数，也即尺度数。

ⅱ.对小波包分解系数重构，提取各频带范围的信号。在进行小波包分解之后，还需对小波包分解系数重构，提取各频带范围的信号。重构系数函数采用 $S = wprcoef(t, N)$，其中：$t$ 表示被重构的信号，$N$ 表示所重构的节点。如 S30 表示 $X_{30}$ 的重构信号，其他依此类推。若对第三层的所有节点进行分析，将得到各个子频带范围的信号 S30，S31，$\cdots$，S37，相对应 8 个子频带的小波包分解系数为 $(X_{30}, X_{31}, X_{32}, X_{33}, X_{34}, X_{35}, X_{36}, X_{37})$。原始信号 $S$ 可以表示为

$$S = S30 + S31 + S32 + S33 + S34 + S35 + S36 + S37$$

假设原始信号 $S$ 中，最低频率为 0，最高频率为 10000Hz，则以上提取的各频带信号 $S3j(j=0,1,\cdots,7)$ 的 8 个频率成分所代表的频率范围如表 2-3 所示。

表 2-3　各个信号成分代表的频率范围

| 信号带 | 代表的频率范围/Hz | 信号代码 | 代表的频率范围/Hz |
|---|---|---|---|
| S30 | 0～1250 | S34 | 8750～10000 |
| S31 | 1250～2500 | S35 | 7500～8750 |
| S32 | 3750～5000 | S36 | 5000～6250 |
| S33 | 2500～3750 | S37 | 6250～7500 |

ⅲ.求各频带的总能量。提取各子频带范围的信号后，各频带信号 $S3j(j=0,1,\cdots,7)$ 对应的能量 $E3j(j=0,1,\cdots,7)$ 可根据下面公式求得

$$E3j=\int |S3j(t)|^2\mathrm{d}t=\sum_{k=1}^{n}|x_{jk}|^2 \tag{2-32}$$

式中，$x_{jk}(j=0,1,2,\cdots,7;k=1,2,\cdots,n)$ 表示重构信号 $S3j$ 的离散点的幅值。

ⅳ.构造能量特征向量。当气阀出现故障时，这些故障将对各频带内信号的能量产生较大的影响，因此，通过各个频带能量元素构造能量特征向量，如

$$T=[E30,E31,E32,E33,E34,E35,E36,E37]$$

式中，$E3j(j=0,1,\cdots,7)$ 是对应 8 个子频带的 8 个能量元素。

一般情况下，能量数值较大，即 $E3j(j=0,1,\cdots,7)$ 是一系列较大的数值，不利于数据的分析。因此，对特征向量 $T$ 进行归一化处理，应用公式 $E=\left(\sum_{j=0}^{7}|E3j|^2\right)^{\frac{1}{2}}$，从而得到 $T'=[E30/E，E31/E，E32/E，E33/E，E34/E，E35/E，E36/E，E37/E]$。$T'$ 即为归一化的特征向量，作为后续故障分析的依据。

#### 2.5.2.4 故障诊断专家库

（1）专家诊断系统的建立

实际故障诊断中无法事先预测出故障类型，需要通过大量的实验样本来建立故障诊断专家系统。利用具有典型故障查询功能的数据库系统即故障专家库系统，加上相应的信号处理技术，就可以在现场对设备进行运行状态监测和故障诊断。通过对设备运行状态信号的获取、信号传输、信号处理，将所得的故障的症状特征直接输入专家库系统，即可输出相应的故障类型和故障成因。让维修人员及时采取有效措施，避免发生事故。

气阀故障诊断是在压缩机的不同工况下，对不同故障类型气阀的振动信号进行监测，通过对比不同故障气阀的振动信号，再分析经过三层小波包分解后的八个子频带对应的能量特征向量值的变化，总结归纳出各故障类型信号对应的能量特征值与正常信号差值的范围，从而形成气阀故障的专家诊断系统。

（2）压缩机故障诊断技术的发展与展望

① 人工智能专家系统和神经网络技术　人工智能领域的专家系统和神经网络技术已广泛应用于往复式压缩机故障诊断。故障诊断专家系统，是基于大量的实践经验和专家知识的一种智能化计算机程序系统，用以解决复杂的、难度较大的系统故障诊断问题。它的优点是推理预测简单、解释机制强、易于建造、使用方便；其缺点是在诊断复杂装备时，存在知识获取的瓶颈和自主学习、专家知识是否准确和可靠及推理机制过于简单等问题。人工神经网络是一种大规模的分布式并列处理系统，具有组织性和自学习性，能从故障中学习，具有联想记忆、模式匹配等功能，将它应用到故障诊断系统可较好地解决当前专家系统面临的问题，但它也存在不足，如诊断推理不清楚、诊断解释机制不强、复杂系统的模型难以建立等。

② 故障诊断技术的发展趋势　往复式压缩机故障诊断技术的发展趋势是利用小波分析、人工智能理论、计算机辅助设计等方法与网络化相结合，开发出多源信息融合的实时在线故障诊断监测系统。不同的特征参数有各自的敏感区域，表现出对不同故障灵敏度的不同，因此综合利用大量信息进行多源信息融合化，是今后往复式压缩机故障诊断技术应重点研究的课题。在实时在线诊断方面，应重点研制适合往复式压缩机故障诊断的专用新型集成化传感器，寻找各振动信号之间相互交叉影响最小的最佳测点，利用现代信号处理方法及智能理论等实现故障的自动诊断。充分利用神经网络等的自学习能力并对历史数据进行数据挖掘，尤其是将计算机网络技术引入状态监测和故障诊断领域，将成为实现在线故障诊断的一个发展趋势。

# 3 过程设备测试技术基础知识

## 3.1 测量仪表的性能指标

测量仪表的性能指标是评价仪表性能差异、质量优劣的主要依据，在选择测量仪表时要根据使用要求合理选用。测量仪表的性能指标包括：技术指标、经济指标、使用指标三大类。

仪表的技术指标包括仪表误差、精度等级、灵敏度、量程、响应时间和漂移等。

仪表的经济指标包括使用寿命、功耗和价格。

仪表的使用指标包括操作维修是否方便、运行的可靠与安全、抗干扰与防护能力、重量和体积与自动化程度的高低。

### 3.1.1 测量仪表的量程与精度

（1）量程

仪表量程是指仪表的测量上限与下限的代数差。仪表测量上限是仪表测量的最高值或称满量程值；仪表测量下限是仪表测量的最低值或称零位。仪表在规定精确度下所能够测量的区域称为仪表的测量范围。

例如温度计的测量范围：$-200 \sim 800℃$，即仪表的测量上限是 $800℃$，仪表的测量下限是 $-200℃$，那么仪表的量程就是 $1000℃$。又例如温度计的测量范围是 $0 \sim 800℃$，即仪表的测量上限是 $800℃$，仪表的测量下限是 $0℃$，那么仪表的量程就是 $800℃$。

（2）精度

通常利用仪表的引用误差来描述测量仪表的精度，并确定仪表精度等级。引用误差是一种简化的、实用方便的相对误差。仪表在出厂检验时，其示值的最大引用误差不能超过规定的允许值，此值称为允许引用误差。

工业自动化仪表精度等级从下列数据中选取最接近的合适数值作为精确度等级：0.1、0.2、0.5、1.0、1.5、2.5 级。工业生产过程中常用仪表等级一般为：0.5～2.5 级。

① 仪表的基本误差限  测量仪表的基本误差即为仪表误差的最大允许值，亦称仪表的基本误差限。仪表的基本误差限表示仪表在测量范围内各处指示值的误差不应超过此限值。仪表的基本误差限是定量地描述仪表精确度的重要指标，通常用引用误差来表示。

② 引用误差  仪表的引用误差为绝对误差与仪表的量程之比，用百分数表示

$$q = \pm \frac{\Delta}{S} \times 100\% = \pm d\% \tag{3-1}$$

式中　$q$——用引用误差表示的基本误差限；

　　　$\Delta$——用绝对误差表示的基本误差；

　　　$S$——仪表的满量程；

　　　$d$——常数。

例：一毫伏表量程为 1V，精度为 5.0 级。

$$q = \pm \frac{\Delta}{S} \times 100\% = 5.0$$

$$\Delta = 1 \times 5.0\% = 50 \ (\text{mV})$$

即毫伏表的指针无论在何处，最大的绝对误差不会超过 50mV。但各点的相对误差是不同的。

引用误差是一种简化的、实用方便的相对误差，常常在多挡仪表和连续分度的仪表中应用。仪表在出厂检验时，其示值的最大引用误差不能超过规定的允许值，此值称为允许引用误差 $Q$。

$$q_{\max} \leqslant Q$$

仪表的精度等级根据仪表的允许引用误差 $Q$ 值的大小，向上选取国家规定电工仪表精确度的等级，来作为仪表的精度。

### 3.1.2 静态性能指标

测量仪表的性能指标是用来描述仪表输出变量与输入变量之间的对应关系。测量仪表的性能指标分为静态特性和动态特性。当输入变量处于稳态时，描述仪表输出与输入之间关系的参数称为静态指标或静态参数；当输入变量随时间变化时，仪表的输出与输入之间的关系称动态指标或动态参数。描述仪表的静态指标有以下参数。

（1）灵敏度

仪表输入变化量与输出变化量的比值，即仪表输出增量 $\Delta y$ 与输入增量 $\Delta x$ 之比

$$K = \frac{\Delta y}{\Delta x} \tag{3-2}$$

式中　$K$——灵敏度；

　　$\Delta y$——输出变量 $y$ 的增量；

　　$\Delta x$——输入变量 $x$ 的增量。

对于带有指针和标度盘的仪表，灵敏度可直观地理解为单位输入变量所引起的指针偏转角度或位移量。当仪表"输出-输入"关系为线性时，灵敏度为常数。仪表具有非线性特性时，灵敏度将随着输入变量的变化而改变。

（2）线性度

仪表的输出与输入关系应具有线性特性，其特性曲线为直线。但实际仪表的输出与输入关系并不一定完全线性。测试技术中采用线性度指标来描述仪表的输出与输入标定曲线与拟合直线之间的吻合程度，如图 3-1 所示。线性度指标用 $L_N$ 表示

$$L_N = \frac{\Delta L_{\max}}{Y_{\max}} \times 100\% \tag{3-3}$$

式中　$\Delta L_{\max}$——实际标定曲线与直线间最大偏差；

　　$Y_{\max}$——仪表满量程 $A$；

　　$L_N$——线性度。

（3）迟滞误差

对仪表的输入量从起始值向满量程（最大值）方向加载的过程称正行程；仪表的输入量从满量程（最大值）向起始值方向加载的过程称反行程。在量程范围内，仪表正行程标定曲线的形态与反行程标定曲线的形态出现的差异如图 3-2 所示，正行程与反行程沿输出量方向的差值 $\Delta H$ 称为迟滞差值。全量程中最大的迟滞差值与满量程之比的百分比即称为迟滞误差，用 $\delta_k$ 表示

$$\delta_k = \frac{\Delta H_{\max}}{Y_{\max}} \times 100\% \tag{3-4}$$

式中　$\Delta H_{\max}$——最大迟滞差值；

　　$Y_{\max}$——仪表满量程 $A$；

$\delta_k$ ——迟滞误差。

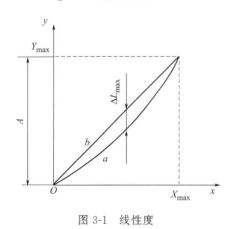

图 3-1 线性度　　　　　　　　　　　　　图 3-2 迟滞误差

迟滞误差产生的原因在于仪表内有吸收能量的元件（如弹性元件、磁化元件等），机械结构中有间隙和运动系统的摩擦。

（4）漂移

当仪表的输入量不变时，一段时间后仪表的输出量产生了变化，这种现象就称为仪表的漂移。它是衡量仪表稳定性的重要指标。当输入量固定在零点不变时，输出量出现变化称为零点漂移，简称零漂；当输入量固定，温度引起输出量出现变化，称为温度漂移，简称温飘。通常用输出量的变化值与满量程之比来表示漂移。

漂移产生的原因有仪表弹性元件的失效、电子元件的老化等。

（5）重复性

仪表的重复性指在同一工作条件下，仪表对同一输入值按同一方向连续多次测量时，所得输出值之间的相互一致程度称为重复性。在全量程中，最大的重复性差值 $\Delta R_{\max}$ 与满量程 $Y_{\max}$ 之比的百分比称为重复性误差

$$\delta_R = \frac{\Delta R_{\max}}{Y_{\max}} \times 100\% \qquad\qquad (3-5)$$

式中　　$\Delta R_{\max}$ ——最大的重复性差值；

　　　　$Y_{\max}$ ——仪表满量程；

　　　　$\delta_R$ ——重复性误差。

# 3.2　压　力　测　量

在过程设备测试与控制系统中，压力测量有着广泛的用途，有许多参数是通过测量压力而间接得到的。本节介绍几种最常用的压力和压差的测量方法。

### 3.2.1　电阻应变式压力传感器

电阻应变式压力传感器由边缘固定圆形膜片制成的弹性元件和粘贴在圆形膜片上的电阻应变片构成，如图 3-3 所示。弹性元件相当于一个受内压作用的圆筒形容器，端部固定一圆形膜片，圆形膜片相当于一个平板封头。当压力传感器的弹性元件内介质压力 $p$ 变化时，可引起膜片的凹凸变形。膜片变形产生的应变分为环向应变 $\varepsilon_\theta$ 和径向应变 $\varepsilon_r$，$\varepsilon_\theta$、$\varepsilon_r$ 与介质压力 $p$ 的关系为

$$\varepsilon_\theta = p \frac{3}{8\delta^2 E}(1-\mu^2)(r_0^2 - r^2) \tag{3-6}$$

$$\varepsilon_r = p \frac{3}{8\delta^2 E}(1-\mu^2)(r_0^2 - 3r^2) \tag{3-7}$$

式中  $\varepsilon_\theta$——环向应变 $\mu\varepsilon$；

$\varepsilon_r$——径向应变 $\mu\varepsilon$；

$p$——介质压力，MPa；

$\delta$——膜片厚度，mm；

$E$——膜片弹性模量，MPa；

$\mu$——泊松比；

$r_0$——膜片自由变形部分的半径，mm。

在膜片中心 $r=0$ 处，$\varepsilon_\theta$、$\varepsilon_r$ 均达到最大值

$$\varepsilon_r = \varepsilon_\theta = p \frac{3}{8\delta^2 E}(1-\mu^2)r_0^2 \tag{3-8}$$

在 $r=0.577r_0$ 处 $\varepsilon_r=0$，$r>r_0$ 处 $\varepsilon_r$ 为负值，根据以上应变分布规律、式(3-8)以及图 3-4 电桥电路，可确定应变片粘贴位置，如图 3-5 所示。$R_2$、$R_3$ 用于测量圆膜片靠近中心位置的环向应变，为正值；$R_1$、$R_4$ 用于测量圆膜片靠近边缘位置的径向应变，为负值。符合全桥电桥电路中对面桥臂符号相同的原则，电桥的灵敏度为最高。

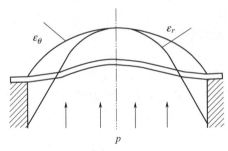

图 3-3  弹性元件应变分布

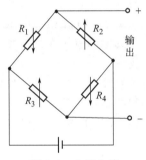

图 3-4  电桥电路

实际上电阻应变式压力传感器采用的箔式应变片形状见图 3-6，亦称为应变花。在应变花靠近中心的地方设置了两个环形丝栅的应变片，用来测量环向应变；在应变花靠近边缘处设置了两个放射形丝栅的应变片，用来测量径向应变。在圆膜片上粘贴一个应变花就可替代图 3-5 中四个应变片，而且应变片的工作方向与圆膜片的应变方向相同，并简化了粘贴工艺。

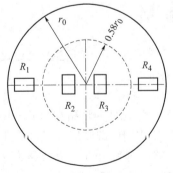

图 3-5  应变片的粘贴位置

图 3-6  应变花

电阻应变式压力传感器在 20 世纪 80～90 年代有很高的市场占有率，但随着采用扩散硅工艺制造的压阻式压力传感器的发展和引进生产线的大量生产，电阻应变式压力传感器逐渐被淘汰。

### 3.2.2 新型压力传感器

（1）扩散硅式压力传感器

硅单晶材料在受到外力作用产生微小应变时，其内部原子结构的电子能级状态就会发生变化，从而导致硅单晶材料电阻率的剧烈变化，此效应称为压阻效应。扩散硅式压力传感器就是利用硅片的压阻效应，采用 IC 工艺技术将四个等值硅压敏电阻扩散到弹性元件的圆膜片上，并组成电桥电路。扩散硅式压力传感器的灵敏系数比普通应变式压力传感器大得多，而且把弹性元件和半导体压敏电阻集成在一起，免去了粘贴工艺，适合于大量生产。扩散硅式压力传感器具有以下特点。

① 灵敏度高 扩散硅敏感电阻的灵敏因子比金属应变片高 50～80 倍，满量程信号输出为 80～100mV。对接口电路适配性好，应用成本相应较低。由于它输入激励电压低，输出信号大且无机械动件损耗，因而分辨率极高。

② 可靠性高 扩散硅敏感膜片的弹性形变量在微应变数量级，膜片最大位移量在微米数量级，且无机械磨损，无疲劳，无老化。平均无故障时间长，性能稳定，可靠性高。

③ 精度高 扩散硅压力传感器的感受、敏感转换和检测三位一体，无机械连接转换环节，重复性误差和迟滞误差很小。由于硅材料的刚性好，因而传感器的线性度也非常好。

④ 频响高 由于敏感膜片硅材料的本身固有频率高，制造过程采用了集成工艺，膜片的有效面积很小，使传感器频率响应很高，使用带宽可达 100kHz。

⑤ 抗电击穿性能好 由于采用了特殊材料和装配工艺，扩散硅式传感器不但可以做到 130℃ 正常使用，在强磁场、高电压击穿试验中可抗击 1500V 电压的冲击。

⑥ 稳定性好 随着集成工艺技术进步，扩散硅敏感膜的四个电阻一致性得到进一步提高，原始的手工补偿已被激光调阻、计算机自动补偿技术所替代，传感器的工作温度也大幅度提高。

（2）陶瓷式压力传感器

陶瓷是一种公认的高弹性、抗腐蚀、抗磨损、抗冲击和振动的材料，因此可用陶瓷制成压力传感器的弹性元件，制造出陶瓷式压力传感器。被测介质能直接作用在陶瓷膜片的前表面，使膜片产生微小的形变，厚膜电阻印刷在陶瓷膜片的背面，连接成一个惠斯通电桥，由于压敏电阻的压阻效应，使电桥产生一个与压力和激励电流成正比的电压信号，通过激光标定，传感器具有很高的温度稳定性和时间稳定性，传感器自带温度补偿 0～70℃，并可以和绝大多数介质直接接触。

陶瓷式传感器的工作温度范围可高达 −40～135℃，而且具有测量精度高、输出信号强、长期稳定性好等特点。陶瓷传感器将是压力传感器的发展方向，在欧美国家有全面替代其他类型传感器的趋势，在中国也有越来越多的用户使用陶瓷式传感器替代扩散硅式压力传感器。

### 3.2.3 电容式差压变送器

电容式差压变送器是 20 世纪 70 年代由美国最先投放市场的一种开环检测仪表，具有结构简单、过载能力强、可靠性好、测量精度高、体积小、重量轻、抗振性好、使用方便等一系列优点，加之工艺技术先进，量程调整和零点迁移互不干扰，目前已成为最受欢迎的压力、差压变送器类型之一，广泛用于流程工业生产的各个领域。

电容式差压变送器由传感头和测量电路两部分组成。传感头将差压信号转换为电容量的变化，结构如图 3-7 所示。图 3-7 中传感头外观如一段圆柱体，两端面处有隔离波纹膜片，是传感头首先感受外部压力的部件。传感头由固定极板 1、测量膜片 2、玻璃体 3 和隔离膜片 6 构成，在玻璃体 3 和隔离膜片 6 之间充满硅油 4，5 为焊接密封，7 为引出线。

图 3-8 是电容式差压变送器的测量元件结构图，将左右对称的不锈钢底座的外侧加工成环状波纹沟槽，并焊上波纹隔离膜片 6。传感头基座和玻璃体中央有孔道相通。玻璃体内表面磨成凹球面，球面上镀有金属膜，并用导线连接至传感头外部，构成电容的左右固定极板 2。在两个固定极板之间是弹性材料制成的测量膜片 1，作为电容的中央动极板构成电容 $C_1$ 和电容 $C_2$。当被测压力 $p_1$、$p_2$ 分别加于左右两侧的隔离膜片时，通过硅油将压力传递到测量膜片 1 的两侧，使中央动极板向压力小的一侧弯曲变形，引起中央动极板与两边固定极板间的距离发生变化 $\Delta d$，导致两电极与中央动极板间的电容量 $C_1$、$C_2$ 不再相等，压力高的一侧电容量减小、压力低的一侧电容量增大。电容的变化量通过引线传至测量电路，通过测量电路的检测和放大，输出一个 4～20mA 的直流电信号。

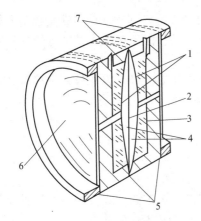

图 3-7　传感头内部结构图

1—固定极板；2—测量膜片；3—玻璃体；

4—硅油；5—焊接密封；6—隔离膜片；7—引出线

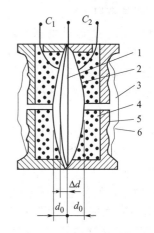

图 3-8　电容式差压变送器测量元件图

1—测量膜片；2—固定极板；3—硅油；

4—玻璃体；5—镀膜绝缘体；6—隔离膜片

由于位移量很小，可近似认为 $\Delta p_i$ 与 $\Delta d$ 成比例变化，即

$$\Delta d = K_1 \Delta p_i = K_1(p_1 - p_2) \tag{3-9}$$

式中　$K_1$——比例系数。

测量膜片与左右固定极板间的距离将由原来的 $d_0$ 分别变为 $d_0 + \Delta d$ 和 $d_0 - \Delta d$，由平行板电容的公式得

$$C_{1_0} = C_{2_0} = \frac{\varepsilon A}{d_0} \tag{3-10}$$

式中　$\varepsilon$——介电常数；

$A$——极板面积；

$d_0$——测量膜片距玻璃体凹球面的距离。

当 $p_1 > p_2$ 时，中间极板向右移动 $\Delta d$，此时左边电容 $C_1$ 的极板间距增加 $\Delta d$，而右边电容 $C_2$ 的极板间距则减少 $\Delta d$，则 $C_1$、$C_2$ 分别为

$$C_1 = \frac{\varepsilon A}{d_0 + \Delta d} \tag{3-11}$$

$$C_2 = \frac{\varepsilon A}{d_0 - \Delta d} \tag{3-12}$$

联立解式（3-11）和式（3-12）可得到差压 $\Delta p_i$ 与差动电容 $C_1$、$C_2$ 的关系为

$$\frac{C_2 - C_1}{C_2 + C_1} = \frac{\Delta d}{d_0} = \frac{K_1}{d_0} \Delta p_i = K_2 \Delta p_i \tag{3-13}$$

式中 $K_2$——常数，$K_2 = \dfrac{K_1}{d_0}$。

由式(3-13)可知，电容（$C_2 - C_1$）与（$C_2 + C_1$）的比值跟 $\Delta p_i$ 成正比，电容式差压变送器的测量电路就是将传感头电容（$C_2 - C_1$）与（$C_2 + C_1$）的比值转换为电压或电流。

1151 系列电容式变送器转换电路的功能模块结构如图 3-9 所示。图中解调器、振荡器和控制放大器的作用是将电容（$C_2 - C_1$）与（$C_2 + C_1$）比值的变化按比例转换成测量电流 $I_s$，比例系数为 $K_3$，其关系可表示为

$$I_s = K_3 \frac{C_2 - C_1}{C_2 + C_1} \tag{3-14}$$

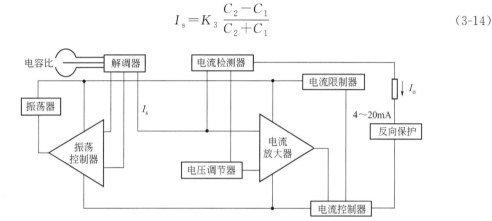

图 3-9　电容式差压变送器测量电路方框图

测量电流 $I_s$ 输出至电流放大器，经过调零、零点迁移、量程迁移、阻尼调整、输出限流等处理后，最终转换成 4～20mA 输出电流 $I_0$，即 $I_0 = K_4 I_s$，$K_4$ 为仪表读数。由此可见电容式变送器的整机输出电流 $I_0$ 与输入差压 $\Delta p_i$ 之间具有良好的线性关系。

电容式差压变送器的传感头中呈凹球面的玻璃体结构还能有效保护测量膜片，当差压过大并超过允许测量范围时，测量膜片将贴靠在玻璃体凹球面上，使得测量膜片的变形不超出弹性范围，过载后的恢复特性很好，这样大大提高了差压变送器的过载承受能力。

# 3.3　温　度　测　量

温度是表征物体冷热程度的物理量，也是过程工艺及设备和科学实验中最基本的参数之一。在化工生产过程中，温度的测量与控制有非常重要的意义。因为任何一种化工生产过程都是在一定的温度和压力下使某种物料发生物理和化学性质的改变，从而生产出新的物料。因此温度的测量与控制是保证化学反应过程正常进行的重要环节。

### 3.3.1　热电阻温度传感器

（1）铜电阻

铜电阻温度计是一种价格低廉的热电阻温度计，其最大特点是铜电阻的阻值与温度呈线性关系。由于铜在高温下易于氧化，因此铜电阻只能用于测量温度较低、测量精度要求不高的场合。

铜电阻的分度号用 G 表示，测温范围为 $-50 \sim 150℃$。铜电阻的阻值与温度之间的关系为

$$R_t = R_0 [1 + \alpha(t - t_0)] \tag{3-15}$$

式中　$R_t$——铜电阻的电阻值，Ω；

　　　$R_0$——铜电阻在 $t_0$ 时（通常为 0℃）的电阻值，Ω；

　　　$\alpha$——铜电阻的温度系数，$\alpha = 4.25 \times 10^{-3}℃^{-1}$。

工业上常用的铜电阻有两种，一种是 $R_0 = 50Ω$，对应的分度号为 Cu50，另一种是 $R_0 = 100Ω$，对应的分度号为 Cu100。

（2）铂电阻

金属铂易于提纯，在氧化介质中，甚至在高温下，金属铂的物理、化学性质都非常稳定。铂电阻的分度号为 Pt。国际实用温标 ITS—90 规定温度在 $-259.3467 \sim 961.78℃$ 之间采用铂电阻进行测量。

温度在 $-190 \sim 0℃$ 之间铂电阻与温度的关系为

$$R_t = R_0 [1 + At + Bt^2 + C(t-100)t^3] \tag{3-16}$$

温度在 $0 \sim 630.74℃$ 之间铂电阻与温度的关系为

$$R_t = R_0 (1 + At + Bt^2) \tag{3-17}$$

式中　$R_t$——温度为 $t$ 时铂电阻的电阻值，Ω；

　　　$R_0$——铂电阻在 0℃时的电阻值，Ω；

$A$、$B$、$C$——常数，由实验求得：$A = 3.96847 \times 10^{-3}℃^{-1}$，$B = -5.847 \times 10^{-7}℃^{-2}$，$C = -4.22 \times 10^{-12}℃^{-4}$。

工业上常用的铂电阻有两种，一种是 $R_0 = 10Ω$，对应的分度号为 Pt10，另一种是 $R_0 = 100Ω$，对应的分度号为 Pt100。

（3）热电阻的三线制接法

热电阻温度仪表通常以不平衡电桥作为输入电路，将热电阻作为电桥的一个桥臂电阻，其连接导线 $r_1$ 和 $r_2$ 的电阻（从热电阻到温度仪表）成为桥臂 $A$、$D$ 间电阻的一部分，电桥的节点 $A$ 在温度仪表内，如图 3-10 所示。连接导线 $r_1$ 和 $r_2$ 的阻值会随连接导线的长度以及环境温度而变化，使得温度仪表显示的温度值包含了连接导线阻值的影响，造成较大测量误差。

采用三线制可以解决这一问题。其方法是热电阻一端的连接导线 $r_1$ 仍接到 $A$ 点，在热电阻的另一端同时引出两条导线 $r_2$ 和 $r_3$。将连接导线 $r_3$ 的接到电桥的电源端，连接导线 $r_2$ 与桥臂电阻 $R_1$ 相连接，这样导线 $r_1$ 和 $r_2$ 就被分别接入到电桥 $A$、$B$ 和 $A$、$D$ 两个相邻的桥臂上了，电桥的节点 $A$ 由温度仪表移至热电阻接线盒，如图 3-11 所示。由于相邻桥臂阻值的变化对电桥输出电压的影响是相反的，导线电阻的影响被相互抵消［见式(1-19)］，即消除了导线电阻带来的测量误差。工业上热电阻与温度仪表的连接一般是都采用三线制接法。

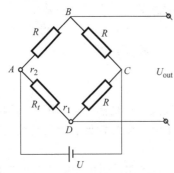

图 3-10　热电阻的二线制接法

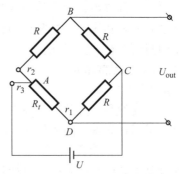

图 3-11　热电阻的三线制接法

### 3.3.2 热电偶温度传感器

热电偶温度传感器广泛应用于工业上的测温领域。其特点是结构简单、精度高、热惯性小、测温范围宽、输出信号易于转换等。

热电偶温度传感器的结构如图 3-12 所示，由热电偶电极、绝缘陶瓷管、保护管和接线盒构成。

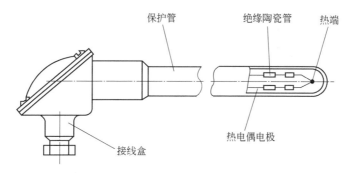

图 3-12　热电偶温度传感器的结构

（1）热电偶测温原理（热电效应）

当两种不同材料的导体两端接成闭合回路时，若两端接触点的温度不同，则会在回路中产生热电势，热电势的大小与导体材料的性质、接触点的温度差有关，这种现象称为热电效应。热电效应是由接触电势和温差电势共同作用产生的结果。

① 接触电势　接触电势是由两种不同材料的导体紧密接触产生的。由于两种导体的电子密度不同，从而在接触点处发生电子扩散而形成电动势，如图 3-13 所示。假设导体 A 的电子密度大于导体 B 的电子密度，则导体 A 的电子向导体 B 扩散，导体 A 失去电子带正电荷，导体 B 得到电子带负电荷，A、B 导体的接触面上形成了一个电场，在电场的作用下，导体 A 向导体 B 的电子迁移最终达到动态平衡。此时导体 A、B 间就形成了一个接触电势。

接触电势的大小不仅与 A、B 导体的材料有关，更与 A、B 导体接触点的温度有关。当 A、B 导体的材料确定后，接触电势只与接触点的温度有关。接触电势用 $e_{AB}(t)$ 表示。

② 温差电势　温差电势是同一导体内电子从高温端向低温端迁移而引起的电动势。在同一导体中，高温端的电子能量大于低温端的电子能量，因而造成高温端的电子向低温端的迁移，如图 3-14 所示。高温端因失去电子带正电荷，低温端得到电子带负电荷，从而形成了高温端向低温端的静电场。在静电场的作用下，高温端向低温端的电子迁移最终达到动态平衡。此时的电势差即为温差电势。在导体材料确定后，温差电势只与导体两端的温差有关。温差电势用 $e_A(t, t_0)$ 表示。一般也用下式表示

$$e_A(t, t_0) = e_A(t) - e_A(t_0)$$

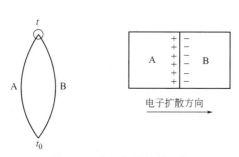

图 3-13　热电偶的接触电势

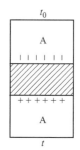

图 3-14　热电偶的温差电势

（2）热电偶回路

热电偶回路中各部分的热电势如图 3-15 所示。导体 A 和 B 焊接端为热端（温度为 $t$），与导线 C 连接的一端为冷端（温度为 $t_0$），通过导线 C 与毫伏表相连接，形成一个闭合的热电偶回路。若 $t > t_0$，则总热电势为

$$e(t,t_0) = e_{AB}(t) + e_{BC}(t_0) + e_{CA}(t_0) + e_B(t,t_0) - e_A(t,t_0) \qquad (3-18)$$

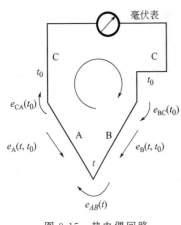

图 3-15　热电偶回路

式中　$e_{AB}(t)$——温度为 $t$ 时，A、B 金属的接触电势；

　　　$e_{BC}(t_0)$——温度为 $t_0$ 时，B、C 金属的接触电势；

　　　$e_{CA}(t_0)$——温度为 $t_0$ 时，C、A 金属的接触电势；

　　　$e_B(t,t_0)$——金属 B 的温差电势；

　　　$e_A(t,t_0)$——金属 A 的温差电势。

根据能量守恒原理，多种金属组成的闭合回路，只要各接触点的温度相等，则闭合回路总热电势等于零。若 A、B、C 三种金属组成的闭合回路中，各接触点的温度为 $t_0$，则总热电势等于零

$$e_{AB}(t_0) + e_{BC}(t_0) + e_{CA}(t_0) = 0$$

所以　　　$-e_{AB}(t_0) = e_{BC}(t_0) + e_{CA}(t_0) \qquad (3-19)$

由于温差电势 $e_A(t,t_0)$ 和 $e_B(t,t_0)$ 方向相反且数值微小，可以看作

$$e_B(t,t_0) - e_A(t,t_0) = 0 \qquad (3-20)$$

将式(3-19)、式(3-20)代入式(3-18)，得

$$e(t,t_0) = e_{AB}(t) - e_{AB}(t_0) \qquad (3-21)$$

从式(3-21)看出，热电偶回路中的总热电势与热端温度 $t$ 和冷端温度 $t_0$ 有关。在工程测量中，若保持冷端温度 $t_0$ 不变，即 $e_{AB}(t_0) = \text{const}$，则热电势 $e(t,t_0)$ 就成为热端温度 $t$ 的单值函数。这样只要测量出热电势 $e_{AB}(t)$ 的大小，就能推算出热端温度值。

（3）常用热电偶

工业上常用的热电偶有铂铑$_{10}$-铂 S 型热电偶、铂铑$_{30}$-铂铑$_6$ B 型热电偶、镍铬-镍硅 K 型热电偶和铜-康铜 T 型热电偶等。工业常用热电偶材料如表 3-1 所示，热电偶的温度曲线如图 3-16 所示。

表 3-1　工业常用热电偶材料

| 名称 | 分度号 | 材料成分 | | 热电动势/mV $(t=100℃, t_0=0℃)$ | 最高使用温度/℃ | |
|---|---|---|---|---|---|---|
| | | 正极 | 负极 | | 长期 | 短期 |
| 铂铑$_{10}$-铂 | S | Pt90%，Rh10% | Pt100% | 0.643 | 1300 | 1600 |
| 铂铑$_{30}$-铂铑$_6$ | B | Pt70%，Rh30% | Pt94%，Rh6% | 0.034 | 1600 | 1800 |
| 镍铬-镍硅 | K | Ni90%，Cr10% | Ni97%，Si2.5%，Mn0.5% | 4.095 | 1000 | 1200 |
| 铜-康铜 | T | Cu100% | Cu55%，Ni45% | 4.277 | 200 | 300 |

（4）热电偶补偿线

由热电偶测温原理可知，当热电偶冷端温度保持不变时，热电势才与被测温度成单值函数关系。在实际应用场合，热电偶温度传感器与显示仪表距离可能很远，通常把显示仪表作为冷端，用热电偶补偿线将热电偶与显示仪表连接起来。这是因为补偿导线的热电特性在常温（0~100℃）下和所替代的热电偶特性相同，其效果等于把热电偶延长，冷端被移远。由

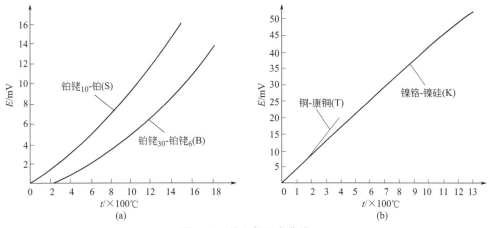

图 3-16 热电偶温度曲线

于热电偶补偿线的材质是廉价金属，价格低廉，比起直接用热电偶本身作为延伸材料，可大量节约贵金属，降低成本。

热电偶温度补偿线在选用时必须与热电偶型号一致，正负极也不能接错。

（5）热电偶冷端补偿

热电偶的冷端补偿有将冷端保持在 0℃ 的方法、计算补偿法、电桥补偿方法等。

① 计算补偿法  热电偶的分度表都是以冷端温度为 0℃ 设计的。当热电偶冷端温度 $t_0$ 不为 0℃ 时，则应按照式（3-22）进行补偿

$$e(t,0)=e(t,t_0)+e(t_0,0) \tag{3-22}$$

式中  $e(t,0)$——冷端温度为 0℃，热端温度为 $t$ 时的热电势；

$e(t,t_0)$——冷端温度为 $t_0$，热端温度为 $t$ 时的热电势（实测值）；

$e(t_0,0)$——冷端温度为 $t_0$ 时应加的修正值，相当于冷端温度为 0℃，热端温度为 $t_0$ 时的热电势。

② 电桥补偿法  利用不平衡电桥产生的输出电压来补偿热电偶冷端温度不为 0℃ 以及冷端的温度变化，如图 3-17 所示。电桥补偿电路处于热电偶的冷端，温度与冷端温度相同。电桥的输出电压 $U_{ab}$ 与热电势 $e(t,t_0)$ 同方向串联。

当 $t_0=0$ 时，电桥电路中的铜电阻 $R_{Cu}$ 与其他桥臂电阻相等，此时补偿电桥输出电压 $U_{ab}=0$，无需补偿；当 $t_0>0$ 时，补偿电桥因铜电阻 $R_{Cu}$ 阻值随温度增加，电桥输出电压 $U_{ab}>0$，增加了 $\Delta U_{cd}$，若 $\Delta U_{cd}$ 刚好等于因 $t_0>0$ 而减小的热电势 $e(t_0,0)$，则

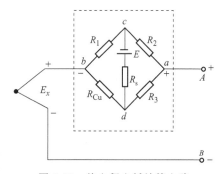

图 3-17  热电偶电桥补偿电路

会起到自动补偿的作用。可通过调整电桥供电电压 $U_{cd}$，使得 $\Delta U_{cd}=e(t_0,0)$，达到自动补偿的作用。

# 3.4  流 量 测 量

流量是过程工业中的重要参数，准确地测量出介质在过程设备中的流量，关系到产品成本的核算和能源的科学管理。

### 3.4.1 差压式流量计

（1）测量原理

差压式流量计是利用流体流经节流元件时产生的压力差实现流量的测量。图 3-18 所示是作为节流元件的孔板。孔板前后流体的速度和压力的分布情况见图 3-19。流体在截面Ⅰ之前以一定的流速 $v_1$ 流动，因后面有孔板阻碍，当流体到达截面Ⅰ后流束开始收缩，同时流体流速开始增加，由于惯性作用，流束的最小截面并不在孔板截面处，而是流经孔板后仍继续收缩到截面Ⅱ处达到最小，这时流体流速也达到最高值 $v_2$，随后流体流束又逐渐扩大，至截面Ⅲ后完全复原，流体流速也降低到原来的数值，如图 3-19（b）所示。

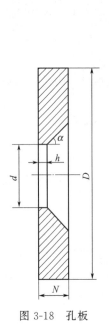

图 3-18　孔板

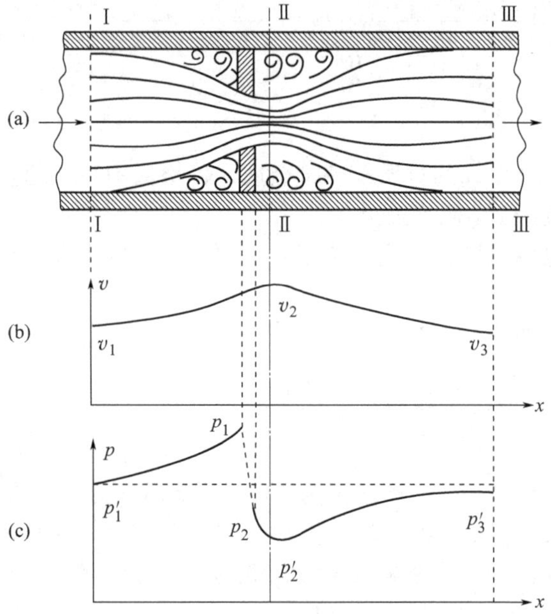

图 3-19　节流装置及流体速度压力分布图

在流体流速发生变化的同时，由于动能的变化，流体的静压力也随之变化，如图 3-19（c）。流体在截面Ⅰ的静压力 $p_1'$，在孔板前为 $p_1$，在孔板后为 $p_2$，到截面Ⅱ处为 $p_2'$。流体在截面Ⅰ和截面Ⅱ之间的压力差 $\Delta p'$ 为

$$\Delta p' = p_1' - p_2' \tag{3-23}$$

流体在孔板前、后的压力差 $\Delta p$ 为

$$\Delta p = p_1 - p_2 \tag{3-24}$$

对比 $\Delta p'$ 和 $\Delta p$，在数值上 $\Delta p' > \Delta p$，测量 $\Delta p'$ 比测量 $\Delta p$ 的灵敏度高。但是表征 $\Delta p'$ 大小的截面Ⅰ、截面Ⅱ的位置会随流速大小变化。因此实际测量中测量的是孔板前后两侧的差压 $\Delta p$。

根据伯努利方程，对不可压缩的流体可整理出流体的体积流量和质量流量的方程，如式（3-25）和式（3-26）

$$q_v = \alpha F_0 \sqrt{\frac{2}{\rho}(p_1 - p_2)} \tag{3-25}$$

$$q_m = \alpha F_0 \sqrt{2\rho(p_1 - p_2)} \tag{3-26}$$

$$\alpha = \frac{\mu\xi}{\sqrt{1-\mu^2 m^2}} = \frac{\mu\xi}{\sqrt{1-\mu^2 \beta^4}} \qquad (3-27)$$

式中　$q_V$——流过孔板流量计流体的体积流量；

$q_m$——流过孔板流量计流体的质量流量；

$\rho$——流体密度；

$F_0$——孔板开孔面积；

$\alpha$——流量系数；

$\mu$——流体流过孔板时流体流束的收缩系数；

$\xi$——压力修正系数，与取压位置、流体流动损失以及流速在截面上分布不均匀性等因素有关；

$\beta$——节流元件的直径比，$\beta = \dfrac{d}{D}$。

流量系数 $\alpha$ 是一个受许多因素影响的综合性系数，其值由实验方法确定。对按标准设计的孔板，$\alpha$ 值可查有关图表。

对于可压缩的气体和蒸汽，由于流体密度 $\rho$ 是可变的，因此必须在上述流量公式中用气体膨胀系数 $\varepsilon$ 加以修正，其值由实验测得。

在一定条件下 $\alpha$、$\varepsilon$ 是常数，从流量的基本方程式可以看出，流量与差压成正比，这样流量测量便转换为对节流元件前后压力差的测量。

（2）取压方法

在节流元件两侧各装一个环室，构成环室取压，如图 3-20 所示。图中 1 为夹持法兰，2 为环室，3 为节流元件孔板。孔板前压力 $p_1$ 和孔板后压力 $p_2$ 分别由环室引出。

另一种方法是法兰取压法，如图 3-21 所示。孔板前后的压力由法兰上的取压孔引出。取压孔距孔板前后端面的距离分别为 $s$ 和 $s'$，$s = s' = (25.4 \pm 8)\text{mm}$。

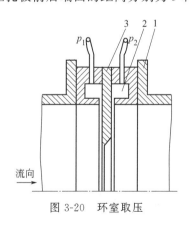

图 3-20　环室取压

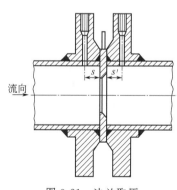

图 3-21　法兰取压

（3）差压式流量计安装注意事项

① 节流元件前后的管径要一致。

② 节流元件前需要有 $15D \sim 20D$ 长度的直管段，节流元件后也要有 $5D$ 长度的直管段。在这些直管段范围内不应有扰乱流速形状的物体，在节流装置前后 $2D$ 长度直管段的内壁应无突出物。

③ 节流元件的中心线必须与管道的中心线重合。

④ 流体在测量段应保持充满管道流动，流动状态应保持在设计的雷诺数范围内。

### 3.4.2 涡轮流量计

（1）涡轮流量计工作原理

涡轮流量计属于速度式流量仪表。在管道内装有一个可以自由转动的叶轮，当流体通过涡轮叶片与管道之间的间隙时，由于叶片前后的压差产生的力推动叶片，使涡轮旋转。流体的流速越高，动能就越大，叶轮转速也就越高。在一定的介质黏度和流量范围内，叶轮转速与流体流速成线性关系。因此，只要测出叶轮的转速就可确定流过管道的流体流量。

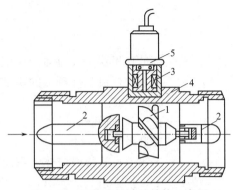

图 3-22　涡轮流量计的结构示意图
1—涡轮；2—导流器；3—磁电式感应
转换器；4—外壳；5—前置放大器

涡轮流量计的结构如图 3-22 所示。

涡轮流量计的涡轮是用高导磁系数的不锈钢材料制成，叶轮上有螺旋形叶片，流体作用于叶片上使之转动。

导流器是用来导向流体的流向，并在其上面安装支承叶轮的轴承座。

磁电式感应转换器由线圈和磁钢组成，用于将叶轮的转速转换成脉冲频率信号，输出至前置放大器进行放大。

在涡轮旋转的同时，涡轮叶片周期性地切割来自磁电式感应转换器的磁力线，使转换器线圈中感应出周期性的感应电动势，感应电动势频率与涡轮转速成正比，涡轮转速与流量又成正比。因此通过测量磁电式感应转换器输出信号的频率，即可导出流体的流量

$$q_v = \frac{f}{\xi} \tag{3-28}$$

式中　$q_v$——流体的体积流量，L/s；

　　　$f$——脉冲信号的频率，Hz；

　　　$\xi$——仪表常数，次/升。

（2）涡轮流量计的特点及安装使用

涡轮流量计测量精度一般可达到 0.5 级，可耐静压达 6MPa。由于基于磁电感应转换原理，故反应快，可测量脉动的流体流量。输出信号为脉冲频率信号，便于远传，抗干扰能力强。

涡轮流量计在安装时，必须保证前后有一定的直管段，以使流向比较稳定。一般入口直管段的长度取管道内径的 10 倍以上，出口取管道内径的 5 倍以上。

涡轮流量计的涡轮容易磨损，被测介质中不应含杂质，否则会影响测量精度和损坏机件。因此，一般应加过滤器。

### 3.4.3 电磁流量计

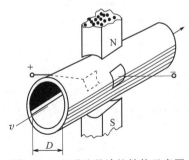

图 3-23　电磁流量计的结构示意图

在流量测量中，当被测介质是具有导电性的液体介质时，可以采用电磁感应的方法来测量流量。电磁流量计的特点是能够测量酸、碱、盐溶液以及含有固体颗粒或含纤维介质的流量。

（1）电磁流量计工作原理

电磁流量计的结构如图 3-23 所示。电磁流量计是根据法拉第电磁感应原理进行工作的。

导体在磁场中作切割磁力线的运动，会产生感应电动势。其大小与磁感应强度 $B$、导体在磁场中的长度 $L$

和导体的运动速度成正比

$$E = kBLW \tag{3-29}$$

式中　$E$——感应电动势；

　　　$k$——仪表的比例系数；

　　　$B$——磁感应强度；

　　　$L$——导体在磁场中的长度；

　　　$W$——导体的运动速度。

如图 3-23 所示，在一段非导磁材料制成的管道外面，安装有一对磁极 N 和 S，用以产生磁场。当导电液体流过管道时，因流体切割磁力线而产生了感应电势。此感应电势由与磁极成垂直方向的两个电极引出。当磁感应强度不变，管道直径一定时，感应电势的大小仅与流体的流速有关，与其他因素无关。将这个感应电势经过放大、转换、传送给显示仪表，即可测量出流体的流量。

设管道内径为 $D$，管道截面积即为 $\frac{\pi}{4}D^2$，流过电磁流量计的流体速度为 $W$，流经电磁流量计的流体流量为 $q_v$。

$$q_v = \frac{1}{4}\pi D^2 W \tag{3-30}$$

$$W = \frac{4}{\pi D^2}q_v \tag{3-31}$$

在式(3-29)中的 $L$ 即为电磁流量计中的管道直径 $D$，再将式(3-31)代入式(3-29)得

$$E = kBD\frac{4}{\pi D^2}q_v \tag{3-32}$$

故流经电磁流量计的流体流量 $q_v$ 为

$$q_v = \frac{\pi D}{4kB}E \tag{3-33}$$

由式(3-33)看出，由于 $B$、$D$ 为常数，因此流经电磁流量计的流体流量 $q_v$ 与感应电动势 $E$ 之间具有线性关系，因而仪表具有均匀刻度。

为了避免磁力线被测量导管的管壁短路，并使测量导管在磁场中尽可能地降低涡流损耗，测量导管由非导磁的材料制成。

(2) 电磁流量计的特点及安装使用

电磁流量计的测量导管内无可动部件或突出于管内的部件，因而压力损失很小。在采取防腐衬里的条件下，可以用于测量各种腐蚀性液体的流量，也可以用来测量含有颗粒、悬浮物等液体的流量。

电磁流量计只能用来测量导电液体的流量，其导电率要求不小于水的导电率。不能用于气体、蒸汽及石油制品等介质的流量测量。由于液体中所感应出的电势数值很小，所以要引入高放大倍数的放大器，由此而造成测量系统很复杂、成本高，并且很容易受外部电磁场干扰的影响，使用不恰当时会影响仪表的精度。

电磁流量计使用中还要注意维护防止电极与管道间绝缘的破坏。安装时要远离一切磁源（例如大功率电机、变压器等）。

# 3.5 振动测量

物体或物体一部分在某一平衡位置两侧沿直线或弧线做往复运动，称为机械振动。振动在许多地方被人们利用；但振动也会给人们和设备带来重大的危害。因此振动测量越来越受到重视。振动测量主要包括对物体的位移、加速度等参数的测量。

### 3.5.1 电涡流传感器

根据法拉第电磁感应定律，将一块金属置于交变磁场中，或者作切割磁力线运动的金属块，都会在金属体内产生涡旋状的感应电流，这种电流就叫电涡流，产生电涡流的现象称为电涡流效应，利用电涡流效应制成的传感器称为涡流式传感器。电涡流式传感器又分为反射式和透射式两种，主要用于位移、振幅、尺寸、厚度的测量以及无损探伤等。

（1）电涡流式位移传感器的基本结构及工作原理

电涡流式位移传感器的基本结构如图 3-24 所示，传感器主要由探头和电路两部分构成。探头由线圈骨架和线圈构成；检测电路则由振荡器、检波器及放大器等电路构成。其工作原理如下。

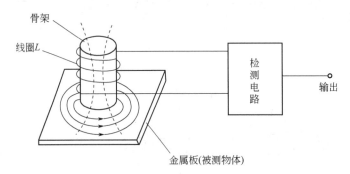

骨架
线圈 L
检测电路
输出
金属板(被测物体)

图 3-24  电涡流式位移传感器的基本结构

① 当振荡器产生的高频电压加到电感线圈 L 时，靠近电感线圈 L 一侧的金属板表面将产生呈涡旋状的感应电流，这种电流叫作电涡流。

② 在金属板表面的电涡流将产生一个与电感线圈相反的磁场。

③ 电涡流产生的磁场又反作用于线圈上，导致传感器线圈的电感及等效阻抗发生变化。

传感器线圈受涡流影响时的等效阻抗 $Z$ 与下列因素有关

$$Z = f(\rho, \mu, r, \omega, x) \tag{3-34}$$

式中　$\rho$——被测导体的电阻率；

$\mu$——被测导体的磁导率；

$r$——线圈与被测导体的尺寸因子；

$\omega$——线圈激磁电压的频率；

$x$——线圈与被测导体间的距离。

当被测物体和传感器探头被确定以后，影响传感器线圈阻抗 $Z$ 的一些参数是不变的，此时只有线圈与被测导体之间的距离 $x$ 的变化量与阻抗 $Z$ 有关，若通过检测电路测量出电感线圈的阻抗 $Z$ 的变化量，即实现了对被测导体位移量的测量。

（2）电涡流式位移传感器的特性

① 传感器等效电感、等效电阻与激磁频率和互感系数之间的关系如式（3-35）、式（3-36），等效电路如图 3-25 所示。

$$R_1 i_1 + j\omega L_1 i_1 - j\omega M i_2 = u \qquad (3-35)$$
$$R_2 i_2 + j\omega L_2 i_2 - j\omega M i_1 = 0 \qquad (3-36)$$

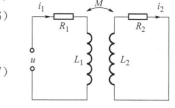

上面两式联立求解得

$$i_1 = \frac{u}{R_1 + \dfrac{\omega^2 M^2 R_2}{R_2^2 + (\omega L_2)^2} + j\omega\left[L_1 - \dfrac{\omega^2 M^2 L_2^2}{R_2^2 + (\omega L_2)^2}\right]} \qquad (3-37)$$

图 3-25 电涡流传感器的等效电路

$$i_2 = \frac{j\omega M i_1}{R_2 + j\omega L_2} \qquad (3-38)$$

传感器线圈 $L$ 受金属涡流影响后的等效阻抗 $Z$ 为

$$\begin{aligned}
Z = \frac{u}{i_1} &= \left[R_1 + \frac{\omega^2 M^2}{R_2^2 + (\omega L_2)^2} R_2\right] + j\omega\left[L_1 - \frac{\omega^2 M^2}{R_2^2 + (\omega L_2)^2} L_2\right] \qquad (3-39) \\
&= R_{\mathrm{ed}} + j\omega L_{\mathrm{ed}} \\
&= Z_1 + \Delta Z_1
\end{aligned}$$

式中　$R_{\mathrm{ed}}$——传感器线圈受涡流影响时的等效电阻；

　　　$L_{\mathrm{ed}}$——传感器线圈受涡流影响时的等效电感；

　　　$R_1$——传感器线圈不受涡流影响时的电阻；

　　　$L_1$——传感器线圈不受涡流影响时的电感；

　　　$R_2$——被测导体的等效电阻；

　　　$L_2$——被测导体的等效电感；

　　　$u$——激励电压；

　　　$\omega$——激励电压的角频率；

　　　$i_1$——激励电流；

　　　$i_2$——感应电流；

　　　$M$——传感器线圈与被测物体之间的互感系数，与传感器线圈到被测导体之间距离有关；

　　　$Z_1$——传感器线圈没受到涡流影响时的复数阻抗；

　　　$\Delta Z_1$——传感器线圈受到涡流影响后的复数阻抗的增量。

② 电涡流强度与距离的关系。当传感器线圈与被测导体的距离 $x$ 发生变化时，电涡流分布特性并不改变，但电涡流密度将发生相应的变化，即电涡流强度将随距离 $x$ 的增加而减小，且呈非线性关系，如图 3-26 所示。

（3）电涡流式位移传感器的检测电路

电涡流式位移传感器线圈与被测导体间的距离 $x$ 的变化可以转换为品质因数 $Q$、阻抗 $Z$、线圈电感 $L$ 三个参数的变化。检测电路的任务就是将这种变化转换为相应的电压、电流或频率的输出。

图 3-27 为定频调幅式检测电路框图。图中振荡器由传感器线圈 $L$ 和 $C$ 组成并联谐振回路，为传感器提供一定频率及振幅的高频激励信号。当被测导体距传感器线圈距离较远时，传感器谐振回路的谐振频率为回路的固有频率，此时谐振回路的品质

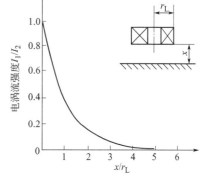

图 3-26 电涡流强度与距离的关系曲线

因数 $Q$ 值最高，阻抗最大，振荡器提供的恒定电流在其上产生的压降最大。当被测导体与传感器线圈的距离出现变化时，由于电涡流效应使传感器谐振回路的品质因数 $Q$ 值下降，传感器线圈的电感也随之发生变化，从而使谐振回路工作在失谐状态。这种失谐状态随被测导体与传感器线圈距离的缩短而变大，回路输出的电压也越来越小。谐振回路输出的信号经检波、滤波和放大后输送给后续电路，可直接显示出被测导体距离传感器之间的位移量。

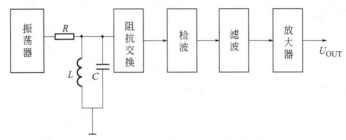

图 3-27　定频调幅式检测电路工作原理框图

### 3.5.2 压电式加速度传感器

（1）压电式加速度传感器的结构及工作原理

压电式加速度传感器又称压电加速度计，属于惯性式传感器。压电式加速度传感器由壳体及装在壳体内的弹簧、质量块、压电元件和基座组成。压电元件由两片表面镀银的压电片组成。在压电片上放置一个质量块，并用弹簧对质量块预加载荷。整个组件装在一个有基座的金属壳体内，如图 3-28 所示。为了隔离基座的应变传递到压电元件上去，避免产生假信号输出，增加传感器的抗干扰能力，基座一般要加厚或者采用刚度较大的材料制造。

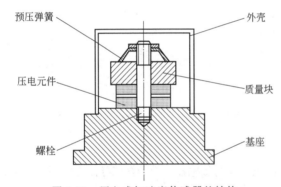

图 3-28　压电式加速度传感器的结构

压电式加速度传感器在使用时，应将传感器与试件刚性固定在一起，当传感器感受振动时，由于弹簧的刚度相当大，质量块的质量相对较小，可以认为质量块的惯性很小。因此认为质量块感受到与传感器基座相同的振动，并受到与加速度方向相反的惯性力作用，此时质量块就有一个正比于加速度的作用力作用在压电元件上。基于压电效应，在压电元件的表面上就会产生随振动加速度变化的电压，当振动频率远低于传感器的固有频率时，传感器输出的电压与作用力成正比，即与传感器感受到的加速度成正比。将此电压输入到前置放大器后就能测出加速度，如在放大器中加适当的积分电路，就可以测出振动速度和位移。

（2）压电式加速度传感器选型

压电式加速度传感器有许多种规格，每种传感器都有其特别适用的场合。因此，为获得精确的测试数据，需根据测试要求选择最适合的压电加速度传感器。通常加速度传感器的选用主要权衡如下三个因素。

① 重量。传感器作为被测物体的附加重量，必然会影响被测物体的运动状态。如果传感器的重量接近被测物体的动态质量，则被测物体的振动就会受其影响而明显减弱。特别是有些物体虽然其本身质量较大，但是传感器安装在其局部，例如一些薄壁结构，传感器的质量已经和被测物体的局部质量相近了，也会明显影响其局部的振动状况。因此要求传感器的质量应远小于被测物体安装点的动态质量。

② 频率选择。加速度传感器的频响曲线分成两部分即谐振频率和使用频率。使用频率按灵敏度偏差给出，有±10%、±5%、±3dB。选择加速度传感器的频率范围应高于被测试件的振动频率。有倍频分析要求的加速度传感器频率响应应更高。加速度传感器的安装方式不同也会改变使用频响。

加速度传感器的使用上限频率取决于幅频曲线中的共振频率，见图3-29。一般小阻尼（$Z \leqslant 0.1$）的加速度传感器，上限频率若取为共振频率的1/3，便可保证幅值误差低于1dB（即12%）；若取为共振频率的1/5，则可保证幅值误差小于0.5dB（即6%），相移小于3°。但共振频率与加速度传感器的固定状况有关，加速度传感器出厂时给出的幅频曲线是在刚性连接的固定情况下得到的。实际使用的固定方法往往难于达到刚性连接，因而共振频率和使用上限频率都会有所下降。

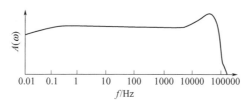

图3-29 加速度传感器的幅频曲线

③ 灵敏度。压电式加速度传感器的灵敏度越高，系统信噪比就越大，而抗干扰能力和分辨率也就越好。但灵敏度越高，传感器的重量就越大，量程和谐振频率越低。因此灵敏度受到重量、频率响应和量程的制约。一般在满足重量、频响和量程的情况下，应该选择灵敏度较高的传感器。这样可以降低信号调理器的增益，提高系统的信噪比。

（3）压电式加速度传感器配套仪器

压电加速度传感器输出的是微弱的电荷信号，而且传感器本身有很大内阻，故输出能量甚微。因此需把传感器信号先输出到高输入阻抗的电荷放大器，经过阻抗变换以后，再用一般的放大、检测电路将信号输出至指示仪表或记录器。目前，制造厂家已有把压电式加速度传感器与前置放大器集成在一起的产品，并分为单路、多路、积分、准静态等形式，不仅方便了使用，而且也大大降低了成本。

随着电子技术的发展，目前大部分压电式加速度计在壳体内都集成了放大器，由它来完成阻抗变换的功能。这类内装集成放大器的加速度计可使用长电缆而无衰减，并可直接与大多数通用的仪表、计算机等连接。一般采用二线制，即用2根电缆给传感器供给2~10mA的恒流电源，而输出信号也由这2根电缆输出，大大方便了现场的接线。

# 3.6 计算机测试系统

随着计算机技术的迅猛发展，以计算机为核心的测试系统已取代了传统的测试系统。计算机测试系统不仅能够实现复杂的测试和控制功能，而且也能够适应环境的变化来自动调整测试与控制方式。计算机测试系统的最大特点是变革了检测的方法，实现了模拟量和数字量之间的转换，从而提高了测试精度、速度，增强了系统的可靠性。具体特点如下：

① 扩展了测量参数的数目，提高了测量的准确度；

② 革新了检测方法，使过去不能进行的某些测量得以实现；

③ 简化了仪表，实现了集中控制；

④ 具有数据处理功能，以及专家推断、分析与决策功能。

### 3.6.1 计算机测试系统的基本结构

计算机测试系统的构成根据所测信号的特点而定，力求做到既能满足系统的性能要求又能在性能价格比上达到最优。根据这个要求，测试系统一般可有以下两种结构。

（1）单通道数据采集

单通道数据采集系统由传感器、信号变换器、采样保持器、模数转换器（A/D）及计算机构成，如图 3-30 所示。单通道数据采集系统只能采集一个被测参数，被测参数通常是压力、温度、流量、液位等，通过传感器转换成电信号。由于传感器输出的电信号的电平往往不能满足采样保持器对输入信号的要求，所以要在传感器和采样保持器之间增加一个信号变换器，将模拟输入信号转变成 0～5V 或 0～10V 的电压信号送入采样保持器。

图 3-30　单通道数据采集系统方框图

模数转换器（A/D）是将连续变化的模拟信号转换成数字信号的器件，模数转换需要一定时间，一般为几微秒至几十微秒之间。在模数转换期间需保持被转换信号的稳定，所以要在模数转换器前设置采样保持器以便在模、数转换期间保持信号的稳定。经模数转换后的数字信号通过计算机的输入输出（I/O）接口存入计算机，完成一次采样过程。

（2）多通道数据采集

对于多路信号的采集通常采用多路共享采样保持和 A/D 转换方式，各路信号经信号变换器变换后，由多路开关分时地依次将各路信号送入采样保持器和 A/D 转换器进行转换，最终转换后的数字信号通过计算机的输入输出（I/O）接口存入计算机，如图 3-31 所示。这种利用分时转换的方式得到的各通道信号是断续的，在通道数很多时，每路信号的数据间隔会增加。适用于采集频率要求不高的多路信号采集系统。此方式的最大特点是硬件成本较低，因此应用广泛。

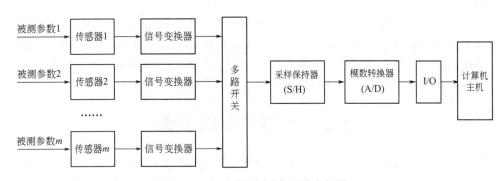

图 3-31　多通道数据采集系统方框图

### 3.6.2 多路开关

多通道数据采集系统中的多路开关采用无触点的集成电路开关。其优点是开关动作频率高，体积小，可用程序进行控制。图 3-32 为 CD4051 型单边八通道多路开关的逻辑图。从图中可以看出，CD4051 型多路开关由逻辑电平转换器、译码器和八个电子开关构成。

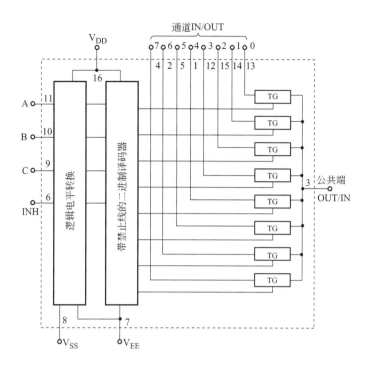

图 3-32 CD4051 型单边八通道多路开关的逻辑图

如图 3-33 所示，多路开关上的引脚 C、B、A 为二进制控制输入端；引脚 INH 为"1"时，通道断开；引脚 INH 为"0"时，通道接通；引脚 IN/OUT 为传递方向控制。各引脚之间的逻辑关系如表 3-2 所示。

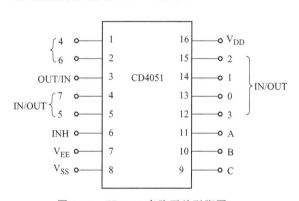

图 3-33 CD4051 多路开关引脚图

表 3-2 CD4051 真值表

| 输入状态 | | | | 接通通道号 |
|---|---|---|---|---|
| INH | C | B | A | CD4051 |
| 0 | 0 | 0 | 0 | 0# |
| 0 | 0 | 0 | 1 | 1# |
| 0 | 0 | 1 | 0 | 2# |
| 0 | 0 | 1 | 1 | 3# |
| 0 | 1 | 0 | 0 | 4# |
| 0 | 1 | 0 | 1 | 5# |
| 0 | 1 | 1 | 0 | 6# |
| 0 | 1 | 1 | 1 | 7# |

### 3.6.3 采样与保持

（1）信号的采样

在计算机测试系统中，一台计算机往往对工业现场的多个测点进行检测。这些测点并不是同时进行检测，而是按照分时的方式逐个进行。因此，需要把时间上连续的模拟信号，转变为时间上离散的信号，这一过程称为信号的采样。

如图 3-34 所示，连续的模拟输入信号 $e(t)$ 按一定时间间隔 $T$ 逐点地采集瞬时值，并保持一个时间 $\tau$，变成时间上离散、幅值等于采样时刻的输入信号瞬时值的方波序列信号，

简称采样信号 $e^*(t)$。

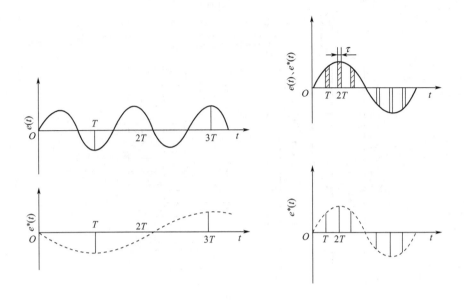

图 3-34　正弦波信号的采样

　　图中 $T$ 为采样周期，表示两次采样之间的时间间隔，$\tau$ 为保持时间。计算机在进行数据采集时，由于 $A/D$ 转换和执行程序需要一定的时间，故在采样时信号应保持幅值不变，直到转换完成。

　　(2) 采样定理

　　采样信号只给出了采样时刻的离散值 $e(0)$，$e(T)$，$e(2T)$，…。对连续信号来说，它在任何时刻的数值都是已知的，但在采样后，除了得到 $e(t)$ 在采样时刻的数值 $e(kT)$ 外，其他时刻就丢失了。从图 3-34 可以看出，采样周期 $T$ 越大，信号变化越快，则信息丢失越严重。如何选择采样频率才能保证无失真地恢复原信号信息呢？采样定理给出了选择采样频率的原则。即一个带宽从 0 到 $f_{max}$ 的信号 $e(t)$，可用相隔时间为 $T \leqslant \dfrac{1}{2f_{max}}$ 的若干个采样值来代表。将各采样值通过一个截止频率为 $f_{max}$ 的理想低通滤波器就可得到原来的信号 $e(t)$。

　　采样定理虽然给出了选择采样周期的理论依据，但并未指出解决实际问题的条件与计算公式，在实践中常以经验的方法确定。显然，采样周期 $T$ 越小，越接近连续系统，采样精度越高。但这时将加重计算机的负担，而且采样周期也不能小于执行程序所需要的时间。因此合理选择采样周期显得非常重要。

　　(3) 信号保持

　　在采样时信号应保持幅值不变，直到 A/D 变换完成，如图 3-35 所示。采样保持电路就是使信号在采样时间内保持不变的电路。完成上述功能的电路称为：采样/保持 (sample/hold) 电路，如图 3-36 所示。

　　图中 $A_1$、$A_2$ 为输入输出缓冲运算放大器。在采样期间，开关 S 是闭合的。输入信号 $U_i$ 经高增益的放大器 $A_1$ 输出，向电容 $C$ 充电。在保持期间，开关 S 断开，由于 $A_2$ 运算放大器输入阻抗很高，在理想情况下，电容 $C$ 上的电压将保持充电时的最终值。

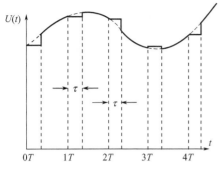

图 3-35 采样保持器输入与输出波形

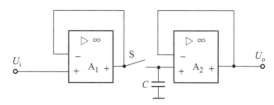

图 3-36 采样/保持电路

### 3.6.4 D/A 数模及 A/D 模数转换器

（1）D/A 数模转换器

D/A 数模转换器是一种将二进制数字量转换成模拟量的器件，广泛应用于计算机的模拟控制系统中。D/A 数模转换电路形式较多，在集成电路中常采用 T 形电阻解码网络。在 T 形解码网络中有标准电源 $V_R$。二进制数的每一位对应一个电阻 $2R$ 及由该位二进制数码所控制的双向开关 $a_n$，如图 3-37 所示。

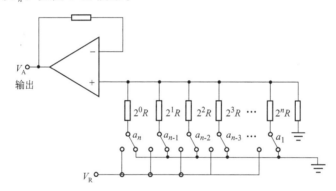

图 3-37 D/A 数模转换器原理图

D/A 数模转换器电路的工作原理是利用译码电路控制 D/A 内部的电阻网络开关，输出与数字量 $D$ 呈比例的模拟电压 $V_A$。电路中的电阻值与二进制数码每位的权有关，称权电阻电路。开关 $a_i$ 由二进制数码控制，二进制数中的某位数为"1"时，开关 $a_i$ 接通左边，电阻与基准电源 $V_R$ 接通；二进制数中的某位数为"0"时，开关 $a_i$ 接通右边，该路电阻与地接通。由于网络中的各电阻的阻值与所在的二进制位数的权重有关，相应的阻值也不同。每路开关向左接通基准电源 $V_R$ 时流入运算放大器的电流也不同。

在运算放大器输出端得到总电压 $V_A$ 是把各个支路产生的电流线性叠加后得到的。数字量 $D$ 与模拟量 $V_A$ 的关系为

$$V_A = DV_R \tag{3-40}$$

$D$ 为二进制数 $D = a_{n-1} \times 2^{n-1} + a_{n-2} \times 2^{n-2} + \cdots + a_1 \times 2^1 + a_0 \times 2^0 \tag{3-41}$

因此 $\qquad V_A = V_R (a_{n-1} \times 2^{n-1} + a_{n-2} \times 2^{n-2} + \cdots + a_1 \times 2^1 + a_0 \times 2^0) \tag{3-42}$

（2）A/D 模数转换器

A/D 转换器主要有双积分式 A/D 转换器、计数式 A/D 转换器、高速 A/D 转换器和逐

次逼近型 A/D 转换器等类型。

①双积分式 A/D 转换器。是将输入的模拟量进行 V/F 转换，即把模拟电压变换成与其平均值成正比的时间间隔，然后由脉冲发生器和计数器来测量时间间隔以获得数字量。这种转换器的特点是对电路元件参数要求不高，抗干扰性能强，转换位数可以做得很高，可达 24 位，但是其转换速度慢，不能用于快速测量采样系统，而适用于缓慢信号检测或低速采样系统。例如数字显示仪表、数字万用表等。双积分式 A/D 转换器的典型芯片有 ICI7104—14（14 位）、ICI7106（3 位半）等。

②计数器式 A/D 转换器。其特点是电路比较简单，价格便宜，它的缺点是转换速度较慢，因此目前较少应用。

③高速 A/D 转换器。随着微机检测系统测点数的增多，被测信号的频率加快，对 A/D 转换速度要求越来越高，可采用高速 A/D 转换器，其转换时间可达到 ns 级。高速 A/D 转换器有三次积分式快速 A/D 转换器、全并行比较 A/D 转换器、串并行比较 A/D 转换器等。

④逐次逼近型 A/D 转换器。其转换速度较快，是目前最普遍的应用形式。特别适用于与微型计算机的接口电路相连，因此在微机测试系统中用得较广。典型芯片有 ADC0809（8 位）、AD571（10 位）、AD574（12 位）、ADC149—14B（14 位）、MN5290（16 位）等。

逐次逼近型 A/D 转换器由 $N$ 位寄存器、$N$ 位 D/A 转换器、比较器以及控制逻辑四部分组成，如图 3-38 所示。其工作过程如下。

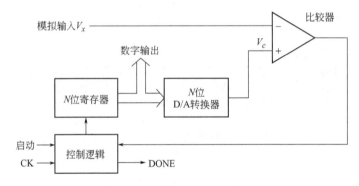

图 3-38　逐次逼近型 A/D 转换器原理图

当载入启动信号后，在控制逻辑作用下，首先使寄存器 $D_N=1$（满量程一半），其余位置 0，$N$ 位寄存器的数字量一方面作为数字输出用，另一方面经 D/A 转换器转换成模拟量 $V_c$，送到比较器。在比较器中 $V_c$ 与被转换的模拟量 $V_x$ 进行比较，控制逻辑电路根据比较器的输出进行判断。若 $V_x \geqslant V_c$，说明此数字量对应的电压值 $V_c$ 小于被测量 $V_x$，应将数字量增加。此时控制逻辑电路接到比较器返回的 $V_x \geqslant V_c$ 信号后，通知 $N$ 位寄存器将 $D_N=1$ 保留，再将 $D_{N-1}$ 位置 1，此数字量再经 D/A 转换器转换成模拟量 $V_c$，送到比较器进行比较。若仍然 $V_x \geqslant V_c$，则继续重复上述步骤，直至出现 $V_x < V_c$。当在某位 $D_i$ 出现 $V_x < V_c$ 后，则控制逻辑电路通知 $N$ 位寄存器把 $D_i$ 位置 0，将 $D_{i-1}$ 位置 1 后并与先前数字量一起输入 D/A 转换器，转换后再进入比较器，再与 $V_x$ 比较，如此一位一位地继续下去，直到最后一位 $D_0$ 比较完毕为止。此时，$N$ 位寄存器的数字量即为 $V_x$ 所对应的数字量。

这种比较方法类似于对分搜索。一个 $N$ 位 A/D 转换器只需比较 $N$ 次，即可得到结果。由此可见，逐次逼近型 A/D 转换器速度比较快，因而得到了广泛的应用。

（3）A/D 转换器的技术指标

① 相对误差。A/D 转换器的相对误差用最低有效值的位数 LSB 来表示

$$1\text{LSB} = \frac{1}{2^N} \times 满刻度值 \tag{3-43}$$

例如：对于一个 8 位 0～5V 的 A/D 转换器，如果其相对误差为 ±1LSB，则其绝对误差为 ±19.5mV，相对百分误差为 0.39%。一般来说，位数越多，其相对误差越小。

② 分辨度。A/D 转换器的分辨度是 A/D 转换器对微小输入量变化的敏感程度。对于一个 N 位的 A/D 转换器，其分辨度为：分辨度 $= \frac{1}{2^N} \times$ 满刻度值。实际上分辨度就等于 1LSB。

③ 转换时间和转换率。A/D 转换器完成一次转换所需要的时间称为转换时间，AD574 的转换时间为 15μs。

# 4 过程设备控制实验基础知识

过程设备自动控制系统是由被控对象、测量变送装置、控制器和执行器组成。系统的控制质量与组成系统的每一个环节的特性都有密切的关系。本章就单回路控制系统和串级控制系统的基本结构和工作过程以及 PID 调节模型和数字 PID 进行简单介绍。

## 4.1　过程控制系统基本结构

### 4.1.1　单回路控制系统

单回路控制系统亦称简单控制系统，是由一个被控对象、一个检测元件及变送器、一个调节器和一个执行器所构成的闭合系统组成。图 4-1 为一储罐液位的单回路控制系统图，图中液位变量 $Y$ 称为被控变量；$\Delta Q_i$ 为干扰变量，来自流入储罐流体的流量波动；LT 为液位变送器，用来测量储罐的液位并向液位调节器 LC 输出液位信号；LC 为液位调节器。

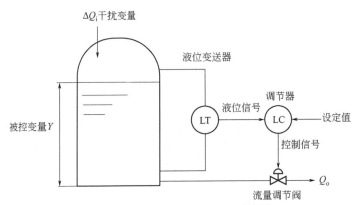

图 4-1　储罐液位单回路控制系统图

储罐液位的单回路控制系统方框图如图 4-2 所示。方框图中的方块代表控制系统中的某个器件或设备，方框之间的连线代表各器件或设备之间的信号联系，其箭头表示信号的传输方向。从图中可以看出，当被控过程受到干扰变量 $f$ 的作用，被控变量将偏离设定点，此时被控变量通过测量元件及变送器单元得到被控变量信号 $y_m$ 与设定信号 $y_s$ 比较后，将会得到偏差信号 $e$，调节器根据输入的偏差信号 $e$ 按照一定的调节规律计算出控制信号 $u$，执行器则根据输入的控制信号 $u$ 改变操纵变量 $m$，使得被控变量 $y$ 重新回到设定点。此过程形成了一个闭环控制回路。

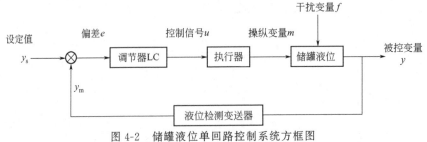

图 4-2　储罐液位单回路控制系统方框图

单回路控制系统由于结构简单、成本低，且能满足一般生产过程的控制要求，因此，在过程控制中得到广泛应用。

在控制系统中被控变量是生产过程中希望保持在定值的过程参数。作为被控变量，它应是对提高产品质量和产量、促进安全生产、提高劳动生产率、节能等具有决定作用的工艺变量。

选择被控变量应满足以下基本原则：

① 被控变量的信号应由直接测量获得，且测量和变送环节的滞后要小；

② 若被控变量信号无法直接获取，要选择与被控变量成单值函数关系的间接参数作为被控变量；

③ 被控变量必须是独立变量；

④ 选择被控变量必须考虑工艺合理性，以及检测设备的现状。

在控制系统中操纵变量是用来克服干扰对被控变量的影响，实现控制作用的变量。操纵变量一般选择流量、压力、转速等参数。

选择操纵变量应满足以下基本原则：

① 操纵变量从工艺上应该是允许调节的参数；

② 操纵变量应当比干扰变量对被控变量的影响更加灵敏，为此要使调节通道的放大系数大一些，时间常数小一些，滞后时间尽量要小；

③ 选择操纵变量时还应考虑工艺的合理性和生产的经济性。

调节器一般有两个输入端，一个是给定端，另一个是测量端。调节器的作用方向是指调节器的输出端信号方向与调节器输入端测量信号方向的关系，当调节器测量端的输入信号增加时，调节器的输出信号也增加就为正作用，否则为反作用。由于调节器的给定端和测量端符号相反，当调节器给定端的输入值增加时，调节器的输出信号如增加就为反作用，否则为正作用。

### 4.1.2　串级控制系统

串级控制系统是在单回路控制系统的基础上发展起来的。当被控对象的滞后较大，干扰较剧烈且频繁时，采用单回路控制系统调节质量会很差，满足不了工艺要求。此时可采用串级控制系统。

串级控制系统是在单回路基础上增加了一个副回路而构成的，下面以换热器出口温度控制系统为例说明串级控制的工作过程。换热器出口温度串级控制系统如图 4-3 所示，方框图如图 4-4 所示，被冷却的物料介质走换热器管程，冷却介质走换热器壳程。工艺上要求从换热器管程流出物料的温度应当恒定，因此应当选择换热器管程出口介质的温度为被控变量即主参数，由温度变送器 TT 进行检测。进入换热器壳程的冷却介质流量为副参数，由流量变送器 FT 进行检测。操纵变量是冷却介质流量，执行器是电动调节阀。干扰变量 $f_1$ 来自于进入换热器管程的物料温度的变化，干扰变量 $f_2$ 来自于进入换热器壳程冷却介质流量和温度的变化。

在串级控制系统中有主、副两个被控对象，在图 4-3 中系统主对象是换热器管程；副对象则是换热器壳程。

在串级控制系统中还有主、副两个回路。在图 4-4 中，温度变送器 TT—温度调节器 TC—流量调节器 FC—电动调节阀—换热器壳程，换热器管程—物料出口温度 $T$ 为主回路；流量变送器 FT—流量调节器 FC—电动调节阀—换热器壳程—冷却介质流量 $F$ 为副回路。副回路起粗调作用，主回路起细调作用，从而使主被控变量（主参数）稳定在设定值上，这是串级控制系统的最主要的特点。

若干扰变量 $f_1$、$f_2$ 未出现时，换热器温度控制系统处于平衡状态，从换热器管程流出的物料温度恒定。当干扰 $f_1$、$f_2$ 出现时，串级温度控制系统将会依据不同情况加以控制，

下面就干扰变量 $f_1$、$f_2$ 单独出现时和干扰变量 $f_1$、$f_2$ 同时出现时，对串级温度控制系统的工作过程进行分析。

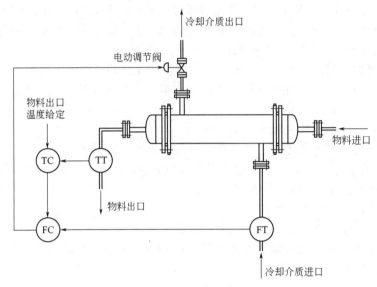

图 4-3　换热器出口温度串级控制系统图

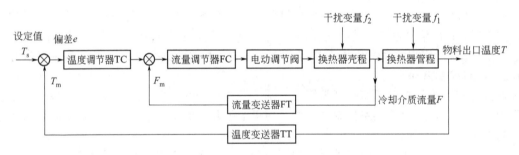

图 4-4　换热器出口温度串级控制方框图

（1）干扰变量 $f_2$ 单独出现

当干扰来自冷却介质压力或流量的波动时，只有干扰 $f_2$ 作用在副对象上即换热器壳程上，干扰进入副回路。由于流量调节器 FC 及时进行调节，可使系统很快稳定下来。调节过程如下。

当进入换热器壳程冷却介质的流量 $F$ 突然增大时，流量变送器 FT 的测量值 $F_m$ 随之增加，此时换热器管程流出的物料温度还未发生变化，因此温度调节器 TC 的输出不变，流量调节器 FT 的给定值也不变，所以流量调节器 FC 的输出减小（FC 设置的作用方向是反作用），电动调节阀关小使得进入换热器壳程冷却介质流量 $F$ 减小。由于副回路调节通道短，时间常数小，当干扰进入副回路时，可以获得比单回路调节系统超前的调节作用，可有效地克服冷却介质压力或流量变化对物料温度的影响，从而大大提高了调节质量。

（2）干扰变量 $f_1$ 单独出现

当干扰来自物料温度或流量的波动时，只有 $f_1$ 作用在主对象上即换热器管程上，干扰进入主回路。在温度调节器 TC 和流量调节器 FC 的共同作用下，冷却介质流量 $F$ 不断变化，维持了主参数 $T$ 的稳定。调节过程如下。

当进入换热器管程的物料温度突然升高或流量减少时，温度变送器 TT 的测量值 $T_m$ 随之增加，温度调节器 TC 的输出增加（TC 设置的作用方向是正作用），致使流量调节器 FC 的给定值增加，此时冷却介质流量未改变，即 $F_m$ 值未变，因此流量调节器 FC 的输出加大（FC 设置的作用方向是反作用），电动调节阀开大，冷却介质流量增加，最终使得流经换热器管程的物料温度下降到给定值 $T_s$。

在串级调节系统中干扰作用于主对象，由于副回路的存在，可以及时改变副参数的数值，达到稳定主参数的目的。

（3）干扰变量 $f_1$、$f_2$ 同时出现

当干扰同时作用于副对象（换热器壳程）和主对象（换热器管程）时，可根据干扰作用下主，副参数变化方向，分如下两种情况讨论。

① 在干扰 $f_1$、$f_2$ 作用下，主，副参数的变化方向相同。

ⅰ.干扰 $f_2$ 使进入换热器壳程的冷却介质流量 $F$ 突然增加，使换热器壳程温度下降；

ⅱ.干扰 $f_1$ 使进入换热器管程的物料温度突然增加，使换热器出口物料温度 $T$ 增加。

当干扰 $f_2$ 出现使得进入换热器壳程的冷却介质流量 $F$ 突然增加时，流量变送器 FT 的测量值 $F_m$ 随之增加，流量调节器 FC 的输出减小，电动调节阀关小，使得进入换热器壳程冷却介质的流量 $F$ 减小；当干扰 $f_1$ 也同时出现使得进入换热器管程的物料温度突然增加，温度变送器 TT 的测量值 $T_m$ 也随之增加，温度调节器 TC 输出增加导致流量调节器 FC 的给定值增加，则流量调节器 FC 的输出增加，电动调节阀开大。此时若以上两种情况使得流量调节器 FC 输出的变化量恰好相等，则偏差为零，流量调节器 FC 输出不变，阀门不动作。如果两者变化量不相等，可互相抵消掉一部分，流量调节器 FC 输出不大，电动调节阀只需稍稍动作一下，即可使系统达到稳定，控制过程如图 4-5(a) 所示。

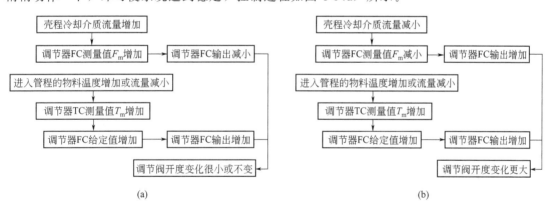

(a)                                    (b)

图 4-5　换热器温度串级控制流程图

② 在干扰 $f_1$、$f_2$ 作用下，主、副参数的变化方向相反。

ⅰ.干扰 $f_2$ 使进入换热器壳程的冷却介质流量 $F$ 突然减少，使换热器壳程温度上升；

ⅱ.干扰 $f_1$ 使进入换热器管程的物料温度突然增加，使冷却介质出口温度 $T$ 增加。

当干扰 $f_2$ 出现使得进入换热器壳程的冷却介质流量 $F$ 突然减少时，流量变送器 FT 的测量值 $F_m$ 随之减小，流量调节器 FC 的输出增加，电动调节阀开大，进入换热器壳程冷却介质的流量 $F$ 增加；当干扰 $f_1$ 也同时出现使得进入换热器管程的物料温度突然增加，温度变送器 TT 的测量值 $T_m$ 随之增加，温度调节器 TC 输出增加导致流量调节器 FC 的给定值增加，则流量调节器 FC 的输出增加，电动调节阀开大。由于上述两种干扰使得主、副调节器的输出都是使阀门开大，所以加强了调节作用，加快了调节过程，控制过程如图 4-5(b) 所示。

显然，在串级调节系统中由于引入一个闭合的副回路，不仅能迅速克服作用于副回路的

干扰，对作用于主对象的干扰也能起到加速克服的作用。因此对容量滞后大的被控对象，在干扰大要求高的场合，采用串级控制系统可以获得明显的控制效果。

# 4.2 PID 调节模型简介

调节模型是指调节器的输出信号随输入信号变化的规律。其作用是将测量信号与给定值相比较产生偏差信号，再按一定的运算规律产生输出信号去驱动执行器，实现对生产过程的自动控制。

## 4.2.1 PID 调节模型

PID 控制是基于偏差的比例（proportional）、积分（integral）和微分（derivative）的综合控制，是一种基于对"过去""现在"和"未来"信息估计的简单有效的控制算法。由于其算法简单、鲁棒性能好、可靠性高等优点，所以 PID 控制策略被广泛应用于工业过程控制中。当前工业上使用的控制中，PID 控制占到了约 91.3%。

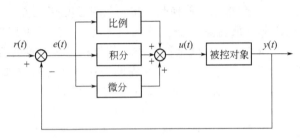

图 4-6　PID 控制系统框图

## 4.2.2 模拟 PID 控制

常规的 PID 控制系统组成框图如图 4-6 所示。在连续控制系统中，PID 控制器的输出 $u(t)$ 与输入偏差 $e(t)$ 之间成比例、积分、微分的关系，即

$$u(t)=K_P\left[e(t)+\frac{1}{T_I}\int e(t)\mathrm{d}t+T_D\frac{\mathrm{d}e(t)}{\mathrm{d}t}\right] \tag{4-1}$$

式中，$e(t)=r(t)-y(t)$，即设定值 $r(t)$ 与过程测量值 $y(t)$ 的偏差。$K_P$ 为比例增益，$T_I$ 为积分时间常数，$T_D$ 为微分时间常数。

PID 也常写成式(4-2)的形式

$$u(t)=K_P\left[e(t)+K_I\int e(t)\mathrm{d}t+K_D\frac{\mathrm{d}e(t)}{\mathrm{d}t}\right] \tag{4-2}$$

式中，$K_I$ 为积分增益；$K_D$ 为微分增益。

图 4-7 为同一对象在相同阶跃干扰作用下，采用不同调节规律时的响应曲线。从图 4-7 中可以看出曲线 5 即 PID 调节规律的控制作用最佳。

PID 调节器的 $K_P$、$T_I$、$T_D$ 3 个参数需要进行整定，如果这些参数整定不合适，则不仅不能发挥 PID 调节规律的应有作用，反而会适得其反。

## 4.2.3 数字 PID 控制

随着计算机技术的发展，数字 PID 控制器的应用也越来越广泛，有逐渐取代传统的模拟 PID 控制器的趋势。数

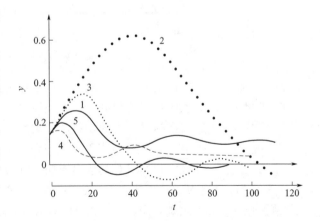

图 4-7　具有同样衰减比的不同调节规律响应曲线

1—比例调节；2—积分调节；3—比例积分调节；
4—比例微分调节；5—比例积分微分调节

字 PID 控制算法通常分为位置式 PID 控制算法和增量式 PID 控制算法。

由于计算机控制是一种采样控制，它只能根据采样时刻的偏差值计算控制量，需要对采样值进行离散化处理。设采样周期为 $T$，按模拟 PID 控制算法的算式，以一系列的采样时刻点 $kT$ 代替连续时间 $t$，以求和方式代替积分：$\int_0^t e(t) \mathrm{d}t \approx T \sum_{j=0}^k e(jT) = T \sum_{j=0}^k e(j)$，以增量方式代替微分：$\dfrac{\mathrm{d}e(t)}{\mathrm{d}t} \approx \dfrac{e(kT) - e[(k-1)T]}{T} = \dfrac{e(k) - e(k-1)}{T}$。采样周期 $T$ 必须足够短，上述离散过程才能保证有足够的精度。离散后的数字 PID 算法如下。

（1）位置式 PID 控制算法

位置式 PID 控制算法

$$u(kT) = K_{\mathrm{P}} \left\{ e(kT) + \frac{T}{T_{\mathrm{I}}} \sum_{j=0}^k e(jT) + \frac{T_{\mathrm{D}}}{T} [e(kT) - e(kT - T)] \right\} \tag{4-3}$$

将 $e(kT)$ 简化为 $e(k)$ 省去采样周期 $T$，得

$$u(k) = K_{\mathrm{P}} \left\{ e(k) + \frac{T}{T_{\mathrm{I}}} \sum_{j=0}^k e(j) + \frac{T_{\mathrm{D}}}{T} [e(k) - e(k-1)] \right\} \tag{4-4}$$

式中，$k$ 为采样序号，$k = 0, 1, 2, \cdots$；$u(k)$ 为第 $k$ 次采样时刻的计算机输出值；$e(k)$ 为第 $k$ 次采样时刻输入的偏差值；$e(k-1)$ 为第 $k-1$ 次采样时刻输入的偏差值。

由于控制器的输出 $u(k)$ 直接去控制执行机构（如阀门），$u(k)$ 的值和执行机构的位置（如阀门开度）是一一对应的，所以通常称式(4-3)、式(4-4)为位置式 PID 控制算法。这种算法的缺点为：由于全量输出，所以每次输出均与过去的状态有关。计算时要对 $e(k)$ 进行累加，计算机运算的工作量大。由于计算机的输出对应的是执行机构的实际位置，若计算机出现故障，则 $u(k)$ 的大幅度变化，会引起执行机构的位置的大幅度变化，这种情况往往是生产实践中不允许的，在某些场合，还可能造成重大的生产事故，因而产生了增量式 PID 算法。

（2）增量式 PID 控制算法

由式(4-4)根据递推原理得

$$u(k-1) = K_{\mathrm{P}} \left\{ e(k-1) + \frac{T}{T_{\mathrm{I}}} \sum_{j=0}^{k-1} e(j) + \frac{T_{\mathrm{D}}}{T} [e(k-1) - e(k-2)] \right\} \tag{4-5}$$

用式(4-4)减去式(4-5)，可得增量式 PID 控制算法

$$\Delta u(k) = K_{\mathrm{P}} \left\{ e(k) - e(k-1) + \frac{T}{T_{\mathrm{I}}} e(k) + \frac{T_{\mathrm{D}}}{T} [e(k) - 2e(k-1) + e(k-2)] \right\} \tag{4-6}$$

由式(4-6)可以看出，由于计算机控制系统的采样周期 $T$ 恒定，一旦确定了 $K_{\mathrm{P}}$、$T_{\mathrm{I}}$ 和 $T_{\mathrm{D}}$，只要使用前后三次测量值的偏差，即可由式(4-6)求出控制增量。当采用增量式算法时，计算机输出的控制增量 $\Delta u(k)$ 对应的是本次执行机构位置（如阀门开度）的增量。而对应阀门实际位置的控制量，可用式(4-7)进行计算

$$u(k) = u(k-1) + \Delta u(k) \tag{4-7}$$

增量式控制算法具有以下优点：

ⅰ.由于计算机输出增量，所以误动作时影响小，必要时可用逻辑判断的方法去除。

ⅱ.手动/自动切换时冲击小，便于实现无扰动切换。此外，当计算机发生故障时，由于

输出通道或执行装置具有信号的锁存作用，故依然能保持原值。

ⅲ.算式中不需要累加，控制增量 $\Delta u(k)$ 的确定仅与最近 3 次的采样值有关，所以较容易通过加权处理而获得较好的控制效果。

（3）PID 控制参数对系统性能的影响

① 比例作用对系统性能的影响。影响如下。

ⅰ.对动态特性的影响。比例系数 $K_P$ 加大，系统的动作灵敏，速度加快，$K_P$ 偏大，振荡次数加多，调节时间加长。当 $K_P$ 太大时，系统会趋于不稳定；若 $K_P$ 太小，又会使系统的动作缓慢。

ⅱ.对稳态特性的影响。加大比例系数 $K_P$，在系统稳定的情况下，可以减小稳态误差，提高控制精度；但是加大 $K_P$ 只是减少稳态误差，却不能完全消除稳态误差即余差。

② 积分作用对控制性能的影响。积分作用的引入，主要是为了保证被控量在稳态时对设定值的无静差跟踪，它对系统的性能影响可以体现在以下两方面。

ⅰ.对动态特性的影响。积分作用通常使系统的稳定性下降。如果积分时间 $T_I$ 太小，系统将不稳定，振荡次数较多；如果 $T_I$ 太大，对系统性能的影响减少；当 $T_I$ 合适时，过渡特性比较理想。

ⅱ.对稳态特性的影响。积分作用能消除系统的余差，提高控制系统的控制精度。但是 $T_I$ 太大时，积分作用太弱，以至不能起到消除系统余差的作用。

③ 微分作用对控制性能的影响。微分作用通常与比例作用或积分作用联合作用，构成 PD 控制或者 PID 控制。微分作用的引入，主要是为了改善闭环系统的稳定性和动态特性，如减小超调量，缩短调节时间。当微分时间 $T_D$ 偏大时，超调量较大，调节时间较长；当 $T_D$ 偏小时，超调量也较大，调节时间也较长。只有 $T_D$ 合适时，才能得到比较满意的过渡过程。

微分作用是按偏差的变化速度进行调节的，其作用比比例调节作用快，因而对惯性大的对象用比例微分可以改善调节质量、减小偏差、节省调节时间。微分作用总是力图阻止被控变量的变化，适当的微分作用有抑制振荡的效果。但是微分作用过强，即微分时间 $T_D$ 过大，反而不利于系统的稳定。

# 第2篇
# 过程装备与控制工程专业实验指导

# 5 过程设备实验

过程设备实验是过程装备与控制工程专业实验的重要内容，包括薄壁压力容器应力测定实验、外压薄壁容器的稳定性实验、爆破片爆破压力测定实验、超声波探伤实验等9个实验。通过这些实验可以掌握应力测试技术，确定在内压作用下不同形式封头的应力分布形态，理解外压薄壁容器失稳的条件，认识压力容器安全附件（安全阀、爆破片）的超压泄放作用，学习超声波探伤仪的标定和探伤方法等。

## 5.1 薄壁容器应力测定实验

### 5.1.1 实验目的

① 实测在内压作用下椭圆形封头和锥形封头的应力，并绘制封头的应力分布曲线。

② 了解边缘内力对容器应力分布的影响。

### 5.1.2 实验内容

实测在不同的内压力作用下椭圆形封头与锥形封头以及筒体上各测点的应变值，画出各测点的 $P$-$\varepsilon$ 修正曲线（线性关系），并在修正曲线上求得在 0.6MPa 压力作用下的应变修正值。由应变修正值计算 0.6MPa 下各点的应力值，并绘制 0.6MPa 下的封头应力分布曲线。利用所学理论解释封头的应力分布形态，并对存在的问题进行讨论。

### 5.1.3 实验装置

本实验可分别采用下列实验装置。

① 过程装备与控制工程专业基本实验综合装置（见封四）。该装置操作流程见图 F-4，操作台面板见图 F-5。图 5-1（a）为本实验操作流程。主水泵将水从低位水箱打入实验用内压容器中，内压容器中的压力由 P3 测量。

② 压力容器综合实验装置（见封三），实验台示意图见图 5-1(b)。

内压容器由椭圆形封头、锥形封头和筒体三部分构成。实验用容器的材料为 304 不锈钢，筒体内径 $D_i = 400\text{mm}$，筒体及封头的壁厚 $\delta = 4\text{mm}$。

椭圆形封头的应变片布置如图 5-2 所示，椭圆形封头各测点距封头顶点的曲线距离如表 5-1 所示。锥形封头的应变片布置如图 5-3 所示，锥形封头各测点距封头顶点的曲线距离如表 5-2 所示。

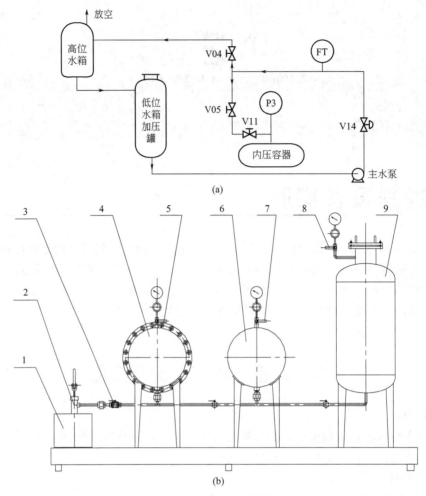

(a)

(b)

1—手动试压泵水箱；2—手动试压泵止回阀；3—进排水阀门；4，6—卧式实验容器；

5，7，8—压力传感器；9—外压实验容器

图 5-1　薄壁容器应力测定实验流程图

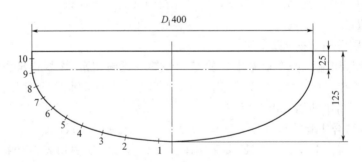

图 5-2　椭圆形封头的应变片布置

表 5-1　椭圆形封头各测点距封头顶点的曲线距离　　　　　　　　　　　　　　mm

| 序号 | 1 | 2 | 3 | 4 | 5 | 6 | 7 | 8 | 9 | 10 |
|---|---|---|---|---|---|---|---|---|---|---|
| 距离 | 20 | 60 | 90 | 120 | 145 | 170 | 190 | 210 | 230 | 250 |

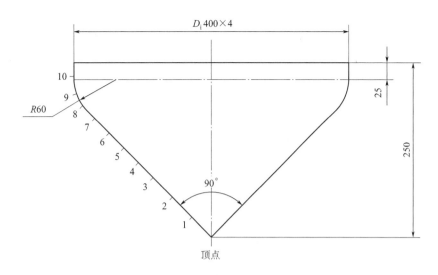

图 5-3 锥形封头的应变片布置

表 5-2 锥形封头各测点距锥形封头顶点的曲线距离          mm

| 序号 | 1 | 2 | 3 | 4 | 5 | 6 | 7 | 8 | 9 | 10 |
|------|-----|-----|-----|-----|-----|-----|-----|-----|-----|-----|
| 距离 | 40 | 80 | 120 | 150 | 180 | 210 | 240 | 265 | 285 | 310 |

应变片的布置方案是根据封头的应力分布特点来决定的。封头在轴对称载荷作用下可以认为是处于二向应力状态，并且在同一平行圆上各点受力情况一样，所以只需在同一平行圆的某一点沿着经向和环向各贴一个应变片即可。值得注意的是，经向应变片的中点线和环向应变片的轴线必须位于待测点所在的平行圆上。

### 5.1.4 实验原理

（1）应力测量

由于封头和圆筒体连接部位曲率不同，受压后在连接处会产生边缘内力——边缘力和边缘力矩，造成连接处两侧一定范围内的圆筒体和封头的应力分布比较复杂，某些位置会出现较高的局部应力。利用电阻应变测量方法对封头和与封头相连接的部分圆筒体的应力分布进行测量。

采用电阻应变仪来测定各测点的应变值，然后根据广义虎克定律换算成相应的应力值。被测容器受压后处于二向应力状态，因此在弹性范围内可用广义虎克定律计算应力：

经向应力 $$\sigma_1 = \frac{E}{1-\mu^2}(\varepsilon_1 + \mu\varepsilon_2) \tag{5-1}$$

环向应力 $$\sigma_2 = \frac{E}{1-\mu^2}(\varepsilon_2 + \mu\varepsilon_1) \tag{5-2}$$

式中　$E$——材料的弹性模量，MPa；

　　　$\mu$——泊松比；

　$\varepsilon_1$，$\varepsilon_2$——经向应变和环向应变；

　$\sigma_1$，$\sigma_2$——经向应力和环向应力，MPa。

（2）电阻应变仪基本原理

电阻应变仪的基本原理是将应变片电阻的微小变化通过电桥转换成电压的变化。其过程为

$$\varepsilon \xrightarrow[\text{应变片}]{\dfrac{dR}{R}} \xrightarrow{\text{电桥}} \Delta\nu \xrightarrow{\text{放大器}} \Delta V \xrightarrow{\text{数据采集}} \text{显示应变值}$$

将应变片粘贴在封头外壁面上，封头的伸长或压缩变形将引起应变片电阻值的变化，它们之间有如下关系

$$\frac{\Delta R_1}{R_1} = K\frac{\Delta L}{L} = K\varepsilon \tag{5-3}$$

式中　$K$——电阻应变片的灵敏系数；

　　　　$\varepsilon$——试件的应变；

　　$\Delta R_1$——电阻应变片电阻值的改变值，$\Omega$；

　　$R_1$——电阻应变片电阻值未变形时的电阻值，$\Omega$；

　　　$L$——应变片中电阻丝轴向长度，mm；

　　$\Delta L$——应变片中电阻丝轴向长度变化量，mm。

### 5.1.5　实验步骤

**5.1.5.1　采用过程装备与控制工程专业基本实验综合装置**

（1）应变仪操作

① 检查各接线是否正确、牢固。

② 打开应变仪电源，预热 20min。

（2）实验操作台操作

① 顺时针扳动控制台面板（见图 F-5）上的总控开关"n14"，启动操作台。

② 顺时针转动旋钮"n8"到底，打开电动调节阀 V14。

③ 扳动选择开关"n13"，将水泵运行方式设置成工频运转方式。

④ 启动工控机，在桌面上打开"过程装备与控制工程专业基本实验"程序，点击"实验选择"按钮，进入实验选择界面。选择"薄壁容器应力测定实验"，点击"进入"按钮，进入薄壁容器应力测定实验界面；点击"实验选择"按钮，进入"封头形式"选择界面，选择封头形式后，单击"确认"返回实验界面。

⑤ 单击"联机测量"，进入测量界面，单击"设置"，可对应变仪进行设置。

⑥ 设置测量桥路为 1/4 桥，结束点为 20，半桥结束点为 20；设定 1/4 桥灵敏系数，本实验中，应变片的灵敏系数为 2.07；是否补偿设置为 1，补偿方式为 20；单击"确认"按钮，确认上述设置有效。

⑦ 单击"平衡"按钮，平衡应变仪电桥；单击"测量"按钮，检查显示应变读数是否基本为 0，若偏差较大可重复单击"平衡"按钮和单击"测量"按钮，直至显示应变读数基本为 0。至此应变仪设置完毕。

⑧ 单击"清空数据"按钮，清空历史数据。

（3）实验操作

① 薄壁容器应力测定实验流程如图 5-1（a）所示，实验前打开阀门 V02、V03、V04、V05、V07、V08、V11，关闭其余所有阀门（阀门编号见图 F-4）。

② 按下主水泵启动按钮"n10"，主水泵开始运转。

③ 调整阀门 V04 使内压容器的压力达到 0.2MPa 后，关闭阀门 V11。

④ 按下主水泵关闭按钮"n9"，关闭主水泵。

⑤ 单击实验界面上的"测量"按钮，测量该压力下各点之应变值，单击"记录"按钮，记录实验数据。

⑥ 重复步骤②～⑤，再分别测量在 0.4MPa、0.6MPa 下各点之应变值并记录。

**5.1.5.2 采用压力容器综合实验装置**

（1）实验准备

① 打开内压实验容器的进水阀，关闭外压实验容器进水阀。

② 检查各接线是否正确、牢固。

③ 打开应变仪电源。

④ 检查应变仪是否工作正常。

⑤ 按所贴应变片设定应变片灵敏系数 $K$（没有变化时跳过）。

⑥ 选择调零，检验各点初值是否为零。

⑦ 用试压泵向容器加压，分别加压至 0.2MPa、0.4MPa、0.6MPa，并测量相应压力下各点之应变值，并记录。

（2）联机测量步骤

① 启动实验主程序，选择实验。

② 选择实验封头后点击"确定"，进入测量程序：

ⅰ.点击"平衡"按钮，应变仪进行平衡；

ⅱ.点击"测量"按钮，读入应变初读数，若读数不为零，重复 ⅰ、ⅱ 步骤；

ⅲ.点击"清空数据"按钮，清空数据库文件；

ⅳ.改变实验压力，分别为 0.2MPa、0.4MPa、0.6MPa；

ⅴ.点击"测量"按钮，测量各实验压力下实验数据；

ⅵ.点击"记录"按钮，将数据写入数据库文件。

③ 点击"设置"按钮，可对应变仪进行参数设置（应变仪脱机测量的设置，请参照 BZ2205C 静态电阻应变仪使用说明书）。

④ 测量完成后，关闭内压实验容器的进水阀，点击"退出"按钮，退出测量程序，返回实验主程序，点击"数据处理"进入数据处理窗口：

ⅰ.选择实验封头后点击"确定"，进入应力计算程序；点击"读取数据"按钮，弹出"选择数据文件"对话框；

ⅱ.选择数据文件：处理数据库文件（现场实验）数据--1；处理文本文件（旧的实验）数据--2；

ⅲ.点击"计算"按钮，计算应变修正值和应力值；

ⅳ.点击"画图"按钮，进入"绘制应力曲线"窗口；

ⅴ.点击"打印"按钮，打印页面内容图像；

ⅵ.点击"导出数据"按钮，将测量的应变值写入文本文件，可以用记事本打开、编辑和打印所存的文件；

ⅶ.点击"返回"按钮，退出数据处理窗口。

**5.1.6 数据记录和整理**

① 将内压容器在 0.2MPa、0.4MPa、0.6MPa 压力下测量出的经向应变值和环向应变值填入表 5-3，在坐标纸上标出各测点在 0MPa、0.2MPa、0.4MPa、0.6MPa 下的应变值并作出应变-压力线性化修正曲线。

② 在线性化修正曲线上取 0.6MPa 压力下的应变值，并按式(5-1) 和式(5-2)计算内压容器在 0.6MPa 压力下的经向应力和环向应力，结果填入表 5-3。

③ 在坐标纸上绘制带有椭圆形封头或带有锥形封头的内压容器的应力分布曲线。

表 5-3　实验数据表

| 序号 | 应变值/MPa | | | | | | | | | |
|---|---|---|---|---|---|---|---|---|---|---|
| | 0.2 | | 0.4 | | 0.6 | | 0.6 | | | |
| | 经向应变 | 环向应变 | 经向应变 | 环向应变 | 经向应变 | 环向应变 | 应变修正值 | | 应力值/MPa | |
| 1 | $\varepsilon_1$ | $\varepsilon_2$ | $\varepsilon_1$ | $\varepsilon_2$ | $\varepsilon_1$ | $\varepsilon_2$ | $\varepsilon_1$ | $\varepsilon_2$ | $\sigma_1$ | $\sigma_2$ |
| 2 | | | | | | | | | | |
| 3 | | | | | | | | | | |
| 4 | | | | | | | | | | |
| 5 | | | | | | | | | | |
| 6 | | | | | | | | | | |
| 7 | | | | | | | | | | |
| 8 | | | | | | | | | | |
| 9 | | | | | | | | | | |
| 10 | | | | | | | | | | |

### 5.1.7　实验报告要求

① 写出实验目的、实验内容、应变测量的实验步骤。

② 在同一张坐标纸上画出各点的线性化修正曲线，写出应力计算步骤，并绘制应力分布曲线。

③ 回答思考题。

### 5.1.8　思考题

① 利用所学理论解释封头的应力分布形态。

② 封头和圆筒体的连接处为什么会出现应力增大的现象？

# 5.2　外压薄壁容器的稳定性实验

### 5.2.1　实验目的

① 掌握薄壁容器外压失稳的概念，观察圆筒形壳体失稳后的形状和波数。

② 了解长圆筒、短圆筒和刚性圆筒的划分，实测薄壁容器外压失稳时的临界压力。

### 5.2.2　实验内容

测量圆筒形容器失稳时的临界压力值，并与理论公式计算值及图算法计算值进行比较。观察薄壁容器外压失稳后的形态和变形的波数，并按比例绘制试件失稳前后的横断面形状图，用近似公式计算试件变形波数。对实验结果进行分析和讨论。

### 5.2.3　实验装置

本实验可分别采用下列实验装置。

① 过程装备与控制工程专业基本实验综合装置（见封四），该装置操作流程见图 F-4，操作台面板见图 F-5。图 5-4 为本实验操作流程。

② 压力容器综合实验装置（见封三），实验台示意图见图 5-1（b）。

### 5.2.4　实验原理

圆筒形容器在外压力作用下，常因刚度不足失去原来的形状，即被压扁或产生褶皱现象，这种现象称为外压容器的失稳。容器失稳时的外压力称为该容器的临界压力。圆筒形容器丧失稳定性时，截面形状由圆形跃变成波形，其波形数可能是 2、3、4、5 等任意整数。外压圆筒依其临界长度为界，分为长圆筒、短圆筒和刚性圆筒。

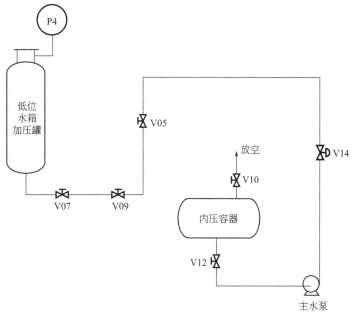

图 5-4 外压薄壁容器稳定性实验流程图

（1）试件参数计算（见图 5-5）

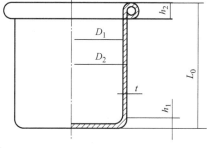

图 5-5 外压薄壁容器试件

壁厚 $t=\dfrac{1}{2}\times(D_2-D_1)$

圆弧处内部高度 $h_3=h_1-t$

中径 $D=\dfrac{1}{2}\times(D_1+D_2)$

计算长度 $L=L_0-h_2-\dfrac{1}{2}\times h_3$

注：试件的材料为 Q235-A，弹性模量 $E=212$GPa，泊松比 $\mu=0.288$，屈服极限 $\sigma_s=235$MPa。

（2）圆筒的临界长度计算

$$L_{cr}=1.17D\sqrt{\dfrac{D}{t}} \tag{5-4}$$

$$L'_{cr}=\dfrac{1.13Et}{\sigma_s\sqrt{\dfrac{D}{t}}} \tag{5-5}$$

当 $L>L_{cr}$ 时，属于长圆筒；$L'_{cr}<L<L_{cr}$ 时，属于短圆筒；$L<L'_{cr}$时，属于刚性圆筒。

（3）圆筒的临界压力计算公式

① 长圆筒的临界压力计算式为

$$P_{cr}=\dfrac{2E}{1-\mu^2}\Big(\dfrac{t}{D}\Big)^3 \tag{5-6}$$

② 短圆筒的临界压力计算如式(5-7) 和式(5-8)：

R. V. Mises 公式

$$P_{cr} = \frac{Et}{R(n^2-1)\left[1+\left(\frac{nL}{\pi R}\right)^2\right]^2} + \frac{E}{12(1-\mu^2)}\left(\frac{t}{R}\right)^3\left[(n^2-1)+\frac{2n^2-1-\mu}{1+\left(\frac{nL}{\pi R}\right)^2}\right] \tag{5-7}$$

式中　$R$——圆筒中面半径；

　　　$n$——失稳波数。

B. M. Pamm 公式

$$P_{cr} = \frac{2.59Et^2}{LD\sqrt{\dfrac{D}{t}}} \tag{5-8}$$

（4）外压圆筒失稳后的波数计算

$$n = \sqrt[4]{\frac{7.06\dfrac{D}{t}}{\left(\dfrac{L}{D}\right)^2}} \tag{5-9}$$

### 5.2.5　实验步骤

#### 5.2.5.1　采用过程装备与控制工程专业基本实验综合装置

（1）测量试件参数

分别将试件（见图 5-5）实际长度 $L_0$、圆弧处外部高度 $h_1$、翻边处高度 $h_2$、外直径 $D_2$、内直径 $D_1$ 等测量值和计算壁厚 $t$、圆弧处内部高度 $h_3$、中径 $D$、计算长度 $L$ 等试件的计算值填入表 5-4。

（2）实验台操作

按图 5-4 所示，实验前打开阀门 V05、V07、V09、V10、V12，关闭其他所有阀门。

（3）操作台操作

① 向右扳动控制台面板（见图 F-5）上的总控开关"n14"，启动控制台。

② 顺时针旋转旋钮"n8"到底，打开电动调节阀 V14，逆时针旋转旋钮"n7"到底。

③ 向右扳动选择开关"n13"，将水泵运行设置成变频运行方式，按下主水泵启动按钮"n10"启动变频器。

④ 顺时针旋转压力调节旋钮"n7"使主水泵开始运转，加压罐内充水至上封头与接管连接处，按下主水泵关闭按钮"n9"关闭主水泵，同时关闭阀门 V07，保持加压罐内水位不变。关闭加压罐旁边玻璃管液位计管路上的两个阀门。

⑤ 试件装入加压罐内，要注意的是要使垫圈紧贴试件上端翻边处的四周，以防泄漏，然后对称地拧紧螺母。

⑥ 启动工控机，在桌面上打开"基本实验主程序"，点击"实验选择"按钮，选择"外压薄壁容器的稳定性实验"菜单，点击"进入"按钮，进入外压薄壁容器的稳定性实验界面，点击"开始实验"按钮，进入实验画面。

⑦ 打开阀门 V07，按下主水泵启动按钮"n10"启动主水泵。

⑧ 单击实验界面上的"开始"按钮，然后单击"记录"按钮。

⑨ 顺时针旋转操作台面板上的压力调节旋钮"n7"，使主水泵给加压罐缓慢加压，直至试件失稳为止。

⑩ 试件失稳后，迅速按下主水泵关闭按钮"n9"关闭主水泵。将压力调节旋钮"n7"回零，以免水从加压罐溢出，最后取出试件。

5.2.5.2　采用压力容器综合实验装置

①打开外压实验罐进水阀，关闭内压实验罐进水阀。

②使容器内水位在上封头与接管的连接处。

③将测量好的试件装入容器，注意要使垫圈紧贴试件上端翻边处的四周，以防泄漏，然后对称地拧紧螺母；

④进入实验主程序，点击"实验选择"按钮，选择"外压薄壁容器的稳定性实验"菜单，点击"确认"按钮，进入"外压薄壁容器的稳定性实验"画面，点击"开始实验"按钮，进入实验画面。

⑤单击"开始"按钮，单击"记录"按钮。

⑥通过手动试压泵给加压罐缓慢加压，直至试件失稳为止。

⑦试件失稳后，关闭外压实验罐进水阀。

⑧取出试件，观察和记录失稳后的波形及特点。

⑨进入数据处理程序可计算临界压力等数据。

### 5.2.6　数据记录和整理

①将试件尺寸填入表5-4。将外压容器试件失稳时的临界压力 $P_{cr}$ 实测值填入表5-5，观察外压容器试件失稳后的波形及特点。

②根据外压容器试件的尺寸按式(5-4)和式(5-5)判定试件是长圆筒还是短圆筒，然后分别按式(5-7)和式(5-8)计算外压容器试件失稳时的临界压力，填入表5-5。

表5-4　试件尺寸测量表　　　　　　　　　　　　　　mm

| 测量次数 | $L_0$ | $h_1$ | $h_2$ | $D_1$ | $D_2$ |
| --- | --- | --- | --- | --- | --- |
| 1 | | | | | |
| 2 | | | | | |
| 3 | | | | | |
| 平均值 | | | | | |

表5-5　实验数据表

| 试件参数/mm | | | | | 实验数据 | 理论计算 $P_{cr}$/MPa | | 波数 | |
| --- | --- | --- | --- | --- | --- | --- | --- | --- | --- |
| $L$ | $D$ | $t$ | $L/D$ | $D/t$ | $P_{cr}$/MPa | Mises | Pamm | 实测 | 计算 |
| | | | | | | | | | |

③观察外压容器试件失稳后的波数，利用式(5-9)计算试件失稳后的理论波数并填入表5-5。

### 5.2.7　实验报告要求

①写出实验目的、实验内容、实验步骤、临界压力的计算步骤，按比例绘制外压容器试件失稳前后的横截面形状图。

②填写实验数据和计算数据表格。

③回答思考题。

### 5.2.8　思考题

①外压容器试件失稳后的波数与什么因素有关？

②外压容器试件失稳后除了波数外，试件的其他变形还与什么因素有关？

## 5.3　爆破片爆破压力测定实验

爆破片是压力容器、压力管道的重要的安全泄放装置。它能在规定的温度和压力下爆破，泄放压力，保障工作人员的生命和生产设备的安全。爆破片安全装置结构简单、灵敏、准确、无泄漏、泄放能力强，能够在黏稠、高温、低温、腐蚀的环境下可靠地工作，还是超高压容器的理想安全装置。

### 5.3.1 实验目的

① 了解爆破片结构及其使用方法。

② 实测爆破片的爆破压力。

### 5.3.2 实验内容

测量爆破片的爆破压力值，并与标称爆破压力值进行比较。观察爆破片爆破后的形态。对实验结果进行分析和讨论。

### 5.3.3 实验装置

① 过程装备与控制工程专业基本实验综合装置（见封四），该装置操作流程见图 F-4，操作台面板见图 F-5。

② 压力容器综合实验装置（见封三）。

爆破片装置主要由爆破片和夹持器组成，如图 5-6 所示，爆破片试验装置附件如图 5-7 所示，本实验流程图如图 5-8 所示。

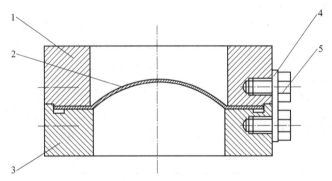

图 5-6　爆破片装置

1—上夹持器；2—爆破片；3—下夹持器；

4—连接板；5—螺钉

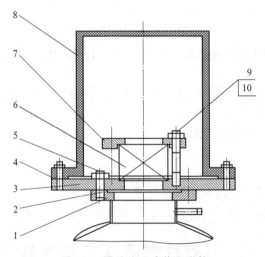

图 5-7　爆破片试验装置附件

1—立式实验容器法兰；2，4，5—垫片；3—下法兰；6—爆破片装置；

7—上法兰；8—防护罩；9—螺栓；10—螺母

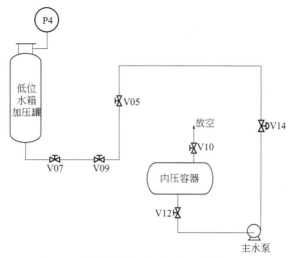

图 5-8　爆破片的爆破压力测定实验流程图

### 5.3.4　实验原理

当容器内压力超过爆破片的爆破压力时，爆破片破裂使压力泄放，保护容器不会因超压而破坏。爆破片装置主要用于介质为气体或饱和蒸汽的压力容器，出于安全方面的考虑，本实验用水作为实验介质。

实验用爆破片为正拱形，其型号：LP50-0.4-22。爆破片参数如下：

泄放口径：50mm；

爆破压力：0.4MPa；

爆破温度：22℃。

### 5.3.5　实验步骤

5.3.5.1　采用过程装备与控制工程专业基本实验综合装置

（1）爆破片装置组装

① 将爆破片下夹持器放在爆破片实验法兰中心平面凹槽内的垫片上，爆破片下夹持器边缘缺口应朝上。

② 从爆破片包装盒里小心取出爆破片，取爆破片时只能用手接触其边缘部分。然后把爆破片轻轻放在爆破片下夹持器上，拱面朝上。

③ 将爆破片上夹持器放在爆破片上面，并用手将法兰螺母均匀拧紧。

（2）爆破片装置安装

① 将爆破片实验法兰连同爆破片夹持器等安装在立式实验容器法兰上，均匀用力旋紧螺母。

② 夹持器法兰固定，使用扭力扳手，用十字形模式分三步拧紧夹持器法兰螺栓。第一步将扭力扳手设置为 20N·m；第二步将扭力扳手设置为 40N·m；第三步将扭力扳手设置为 60N·m；沿顺时针方向再将每个螺栓拧紧一遍。

③ 装上有机玻璃防护罩，用手均匀旋紧螺母。

（3）实验台操作

① 爆破片的爆破压力测定实验流程如图 5-8 所示，实验前打开阀门 V05、V07、V09、V12，关闭其余所有阀门（阀门编号见图 F-4）。

② 向右扳动控制台面板（见图 F-5）上的总控开关"n14"，启动操作台。

③ 启动工控机，在桌面上打开"过程装备与控制工程专业基本实验"程序，点击"实验

选择"按钮，进入实验选择界面。选择"爆破片爆破压力测定"实验，进入爆破片实验程序。

④ 顺时针旋转旋钮"n8"到底，打开电动调节阀 V14，逆时针旋转旋钮"n7"到底。

⑤ 向右扳动选择开关"n13"，将水泵运行设置成变频运行方式，按下主水泵启动按钮"n10"启动变频器。

⑥ 顺时针旋转压力调节旋钮"n7"使主水泵开始运转，将加压罐内充水至加压罐玻璃管液位计上限，按下主水泵关闭按钮"n9"关闭主水泵，同时关闭阀门 V07，保持加压罐内水位不变。关闭加压罐旁玻璃管液位计管路上的两个球阀。

（4）爆破实验

① 点击爆破片爆破实验界面上的"开始"按钮，输入姓名和组别（也可以不输入，直接按确定）单击"确定"按钮。

② 打开阀门 V07，点击实验界面上的"记录"按钮；按下主水泵启动按钮"n10"启动主水泵。

③ 顺时针旋转压力调节旋钮"n7"，用主水泵给加压罐缓慢加压，直至爆破片发生爆破为止。

④ 爆破片爆破后，迅速按下主水泵关闭按钮"n9"关闭主水泵。将压力调节旋钮"n7"回零，记录爆破压力，点击"退出"按钮，退出实验程序。

⑤ 将有机玻璃防护罩取下，拆开爆破片夹持器，取出爆破片，观察爆破后的爆破片形状。

### 5.3.5.2 采用压力容器综合实验装置

爆破片装置组装与安装步骤与 5.3.5.1 相同，其余步骤如下。

① 启动计算机，打开实验主程序，选择"实验"，进入"实验选择"界面。

② 选择"爆破片爆破压力测定"实验，进入爆破片实验程序。

③ 点击"开始"按钮，输入姓名和组别，按确定；也可以不响应，直接按确定。

④ 点击"记录"按钮。

⑤ 用手动试压泵给容器加压，直至爆破片爆破。

⑥ 记下爆破压力，点击退出，退出实验程序。

### 5.3.6 实验报告要求

① 写出实验目的、实验内容、实验步骤。

② 分析实验爆破压力与标称爆破压力的差别及产生的原因。

③ 回答思考题。

### 5.3.7 思考题

① 工程上常见的防爆装置有安全阀和爆破片两种，试述它们各自的优缺点。

② 应如何从理论上确定爆破片的爆破压力？

# 5.4 换热器换热性能实验

### 5.4.1 实验目的

① 掌握传热驱动力的概念及其对传热速率的影响。

② 测试换热器的换热能力。

### 5.4.2 实验内容

在换热器冷流体温度、流量和热流体流量恒定的工况下，依次改变热流体的温度，分别测量各工况下管程和壳程的进出口温度以及管程和壳程的流量，计算热流体放出的热量和冷流体获得的热量以及热损失。

### 5.4.3 实验装置

过程设备与控制多功能综合实验台（见封四），该装置操作流程见图 F-1，操作台面板见图 F-2。本实验流程如图 5-9 所示。

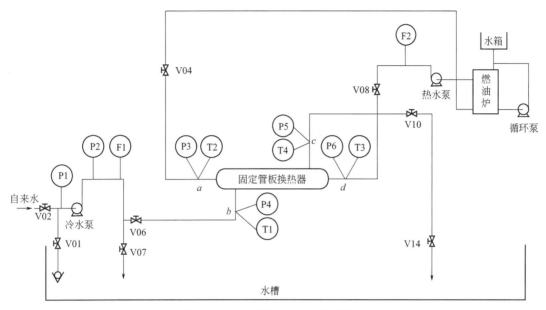

图 5-9　换热器换热性能实验流程图

### 5.4.4 实验原理

换热器工作时，冷、热流体分别处在换热管管壁的两侧，热流体把热量通过管壁传给冷流体，形成热交换。若换热器没有保温，存在热损失量 $\Delta Q$，使热流体放出的热量大于冷流体获得的热量。

经过换热器的热流体放出的热量为

$$Q_t = m_t c_{pt}(T_1 - T_2) \tag{5-10}$$

式中　$Q_t$——单位时间内热流体放出的热量，kW；

　　　$m_t$——热流体的质量流率，kg/s；

　　　$c_{pt}$——热流体的定压比热，kJ/kg·K，在实验温度范围内可视为常数；

　$T_1$、$T_2$——热流体的进出口温度，K 或 ℃。

冷流体获得的热量为

$$Q_s = m_s c_{ps}(t_2 - t_1) \tag{5-11}$$

式中　$Q_s$——单位时间内冷流体获得的热量，kJ/s=kW；

　　　$m_s$——冷流体的质量流率，kg/s；

　　　$c_{ps}$——冷流体的定压比热，kJ/kg·K，在实验温度范围内可视为常数；

　$t_1$、$t_2$——冷流体的进出口温度，K 或 ℃。

损失的热量为

$$\Delta Q = Q_t - Q_s \tag{5-12}$$

冷、热流体间的温差是传热的驱动力，对于逆流传热，平均温差为

$$\Delta t_m = \frac{\Delta t_1 - \Delta t_2}{\ln(\Delta t_1 / \Delta t_2)} \tag{5-13}$$

其中　　　　　　　　　　$\Delta t_1 = T_1 - t_2$，　$\Delta t_2 = T_2 - t_1$

本实验着重考察传热速率 $Q$ 和传热驱动力 $\Delta t_m$ 之间的关系。热量交换以及温差大小的计算应以管程和壳程流体进出壳体的温度值为依据，但在实验中，从温度传感器到换热器进出口存在热量损失，该热量损失以及引起的温度变化的计算见本实验的附录，计算结果表明温度变化可以忽略不计，因此上述计算中各温度采用测点温度。

### 5.4.5　实验步骤

① 开启燃油炉，设置温度上限75℃，设置温度下限70℃；

② 开启工控机，进入"过程设备与控制综合实验"程序，单击"实验选择"，进入实验选择界面，选择"换热器换热性能实验"，进入实验界面，单击"清空数据"按钮清空数据库。

③ 打开阀门 V06、V10、V04、V08，关闭其他阀门，使冷流体走换热器壳程并经调节阀 V14 流回水槽，热流体走换热器管程，流程如图 5-9 所示。

④ 灌泵。打开自来水阀门 V02，旋开冷水泵排气阀放净空气，待放完泵内空气后关闭，保证离心泵中充满水，最后关闭自来水阀门 V02。

⑤ 启动冷水泵。将水泵运行方式开关"m7"旋向"变频运转"，选择变频运转方式，然后按下冷水泵启动按钮"m11"开启冷水泵。调节压力调节旋钮"m8"和流量调节旋钮"m9"，使冷水泵出口压力表"m4"保持在0.4MPa，冷水泵出口流量表"m2"保持在1.0L/s。

⑥ 顺时针转动开关"m13"开启热水泵，调节阀门 V08，使热流体流量稳定在0.3L/s；再逆时针转动开关"m13"关闭热水泵。

⑦ 当燃油炉内水温达到温度上限时，点按燃油炉上"Enter"键，关闭燃油炉。

⑧ 单击实验界面上的"实验"按钮，进入温差曲线界面。

⑨ 顺时针转动开关"m12"开启循环泵，经过约3min，再逆时针转动开关"m12"关闭循环泵，顺时针转动开关"m13"开启热水泵；单击实验界面上的"开始"按钮，绘制温差曲线。

⑩ 当冷流体的进出口温度 $t_1$、$t_2$ 及热流体的出口温度 $T_2$ 稳定后（温差曲线趋于走平时），单击"记录"按钮记录实验数据。

⑪ 当换热器管程进口热水温度出现下降趋势时，关闭热水泵。当冷、热流体温差大于10℃时，从步骤⑨开始继续做下一组数据，直至冷、热流体温差小于10℃时为止。

⑫ 停止实验，关闭冷水泵、热水泵和循环泵。

### 5.4.6　数据记录和整理

保持热流体流量 $V_t$ 及冷流体流量 $V_s$ 不变，改变热流体的进口温度 $T_1$，测量冷流体的进出口温度 $t_1$、$t_2$ 及热流体的出口温度 $T_2$，根据式（5-10）和式（5-11）分别计算热流体放出的热量 $Q_t$ 和冷流体获得的热量 $Q_s$，并由式（5-12）计算损失的热量，根据式（5-13）计算平均温差 $\Delta t_m$，将测量结果和计算结果填入数据表 5-6 中。

表 5-6　测量结果和计算结果

| 序号 | $T_1/℃$ | $T_2/℃$ | $t_1/℃$ | $t_2/℃$ | $Q_t/kW$ | $\Delta Q/kW$ | $\Delta t_m/℃$ |
|---|---|---|---|---|---|---|---|
| 1 | | | | | | | |
| 2 | | | | | | | |
| 3 | | | | | | | |
| 4 | | | | | | | |
| 5 | | | | | | | |
| 6 | | | | | | | |
| 7 | | | | | | | |
| 8 | | | | | | | |
| 9 | | | | | | | |
| 10 | | | | | | | |

### 5.4.7 实验报告要求

① 写出实验目的、实验内容、实验步骤。

② 填写实验数据和计算数据表格。

③ 以平均温差 $\Delta t_m$ 为横坐标，热流体放出的热量 $Q_t$ 和热损失 $\Delta Q$ 分别为纵坐标作图，对所得曲线进行分析。

④ 回答思考题。

### 5.4.8 思考题

① 热量是如何损失的？怎样才能减少热量损失？

② 在工程上，很多换热器都采用逆流工艺流程，为什么？

### 【换热器入口和出口温度近似计算】

在实验中，各温度测点并不在换热器流体进出口处，从温度传感器到换热器进出口存在热量损失，所以严格讲，换热器入口和出口的温度与测得的数据并非一致，换热器入口和出口的温度可近似计算如下。

如图 5-10，$T_1'$、$T_2'$ 分别为换热器管程热水入口和出口温度，$t_1'$、$t_2'$ 分别为换热器壳程冷水入口和出口温度，入口温度 $t_1'$ 和测量值 $t_1$ 是一致的。

图 5-10　换热器壳程及管程温度参数

流体流经管路损失的热量等于流体经过管壁传出的热量，在实验中，管内为水，呈强制对流，管外为空气（设温度为 $t_0$），呈自然对流。

以热流体入口管为例，从温度传感器测点到换热器进口间管段损失的热量平衡方程为

$$Q = SK\left(\frac{T_1 + T_1'}{2} - t_0\right) = V\rho_t c_{pt}(T_1 - T_1')　\qquad (5\text{-}14)$$

$$S = \pi d_i l$$

式中　$c_{pt}$——热流体定压比热容；

$\rho_t$——流体密度；

$V$——流体体积流量；

$S$——传热面积；

$d_i$——入口管线内径，$d_i = 0.026\text{m}$；

$l$——从传感器到换热器热水入口的长度，$l = 0.3\text{m}$；

$K$——从传感器到换热器热水入口管程总传热系数。

$K$ 由管内强制对流传热系数 $\alpha_t$ 和管外自然对流传热系数 $\alpha_s$ 构成，其中

$$\alpha_t = 0.027 \times \frac{\lambda_t}{d_i} Re^{0.8} Pr^{0.33} \left(\frac{\mu_t}{\mu_w}\right)^{0.14}$$

$$\alpha_s = C\frac{\lambda_s}{l}\left(\frac{\rho_s^2 g\beta\Delta t l^3}{\mu_s^2} \times \frac{c_{ps}\mu}{\lambda_s}\right)^n$$

式中符号说明见参考文献 [14]。

由式（5-14）可得

$$T'_1 = \frac{V\rho_t c_{pt} T_1 + SKt_0 - \dfrac{SKT_1}{2}}{\dfrac{SK}{2} + V\rho_t c_{pt}}$$ (5-15)

计算表明，由于进出口间管段的管外系自然对流，对流传热系数小（为 $4.15 \sim 4.80 \mathrm{W/m^2 \cdot K}$），总传热系数 $K$ 由 $\alpha_s$ 控制，损失的热量很小，引起的管内介质温度的变化不超过 $1^{\circ}\mathrm{C}$，可以忽略不计，即认为 $T'_1 = T_1$。

对其他从温度传感器测点到换热器进出口间管段热量损失，计算过程类似，结果也相同，即温度变化可忽略不计。

关于本小节换热器入口和出口温度近似计算过程，不作实验要求。

# 5.5 流体传热系数测定实验

### 5.5.1 实验目的

① 测定换热器的总传热系数。

② 了解影响换热器换热性能的参数。

### 5.5.2 实验内容

在换热器热流体温度、流量和冷流体温度恒定的工况下，依次改变冷流体的流量，分别测量各工况下管程和壳程的进出口温度以及管程和壳程的流量，计算换热器的换热系数 $K$。

### 5.5.3 实验装置

过程设备与控制多功能综合实验台（见封四），该装置操作流程见图 F-1，操作台面板见图 F-2。本实验流程如图 5-11 所示。

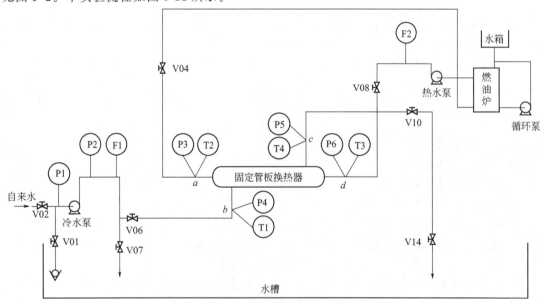

图 5-11　流体传热系数测定实验流程图

### 5.5.4 实验原理

换热器的传热速率 $Q$ 可以表示为

$$Q = KA\Delta t_m$$ (5-16)

式中　$Q$——单位时间传热量，W；

$K$——总传热系数，$W/(m^2 \cdot K)$；

$\Delta t_m$——平均温差，K 或 ℃；

$A$——传热面积，$A = \pi d_o nl$，$m^2$。

在本实验以及以后的实验中：$d_o = 0.014m$、$n = 29$、$l = 0.792m$，分别为换热管的外径、换热管数和换热长度。

对于逆流传热，平均温差为

$$\Delta t_m = \frac{\Delta t_1 - \Delta t_2}{\ln(\Delta t_1 / \Delta t_2)} \tag{5-17}$$

$$\Delta t_1 = T_1 - t_2, \quad \Delta t_2 = T_2 - t_1$$

式中　$T_1$，$T_2$——热流体的进出口温度，K 或 ℃；

$t_1$，$t_2$——冷流体的进出口温度，K 或 ℃。

由式(5-16) 可得

$$K = \frac{Q}{A \Delta t_m} \tag{5-18}$$

$Q$ 可由热流体放出的热量或冷流体获得的热量进行计算，即

$$Q_t = m_t c_{pt}(T_1 - T_2) \tag{5-19}$$

或

$$Q_s = m_s c_{ps}(t_2 - t_1) \tag{5-20}$$

式(5-19) 和式(5-20) 中有关符号说明见 5.4 节实验。

根据式(5-16)、式(5-17) 和式(5-18) 就可以测定在实验条件下的总传热系数 $K$。$K$ 的理论计算参考文献 [14]。

### 5.5.5　实验步骤

① 开启燃油炉，设置温度上限 75℃，温度下限 70℃。

② 向右扳动控制台面板（见图 F-2）上的总控开关"m14"，启动操作台。

③ 开启工控机，进入"过程设备与控制综合实验"程序，单击"实验选择"，进入实验选择界面，选择"流体传热系数测定实验"，进入实验程序界面，单击"清空数据"按钮清空数据库。

④ 打开阀门 V06、V10、V04、V08，其他阀门均关闭，使冷流体走换热器壳程，并经流量调节阀 V14 流回水槽，热流体走换热器管程，流程见图 5-11。

⑤ 灌泵。打开自来水阀门 V02，旋开冷水泵排气阀放净空气，待放完泵内空气后关闭，保证离心泵中充满水，最后关闭自来水阀门 V02。

⑥ 逆时针旋转操作台面板上的"m9"旋钮，使调节阀 V14 开度最小。

⑦ 将操作台面板上水泵运行方式选择开关"m7"旋向"变频运行"位置，选择变频运转方式。按下冷水泵启动按钮"m11"，转动压力调节旋钮"m8"使冷水泵出口压力表"m4"保持 0.4MPa。

⑧ 顺时针转动开关"m13"开启热水泵，调节阀门 V08，使热流体流量稳定在 0.24L/s 不变，逆时针转动开关"m13"关闭热水泵。

⑨ 调节"m9"旋钮，改变调节阀 V14 开度，使冷流体流量稳定在 0.4L/s。

⑩ 单击"实验"按钮，进入温差曲线界面。

⑪ 待燃油炉内水温达到温度上限时，顺时针转动开关"m12"开循环泵，待热水基本均匀（约 3min）后，逆时针转动开关"m12"关闭循环泵，顺时针转动开关"m13"开启热水泵。

⑫ 单击实验界面上的"开始"按钮，绘制温差曲线，待换热器的进出口温度 $t_1$、$t_2$ 及

热流体的出口温度 $T_2$ 稳定后（温差曲线趋于走平时），单击"记录"按钮记录实验数据。

⑬ 待燃油炉重新启动后，逆时针转动开关"m13"关闭热水泵，调节"m9"旋钮，使冷流体流量增加 0.4L/s，从步骤⑪开始继续做下一组数据，直至冷流体流量达到 1.2L/s 为止。

⑭ 结束实验，关闭热水泵、燃油炉，逆时针转动压力调节旋钮"m8"使冷水泵出口压力表"m4"回零。按下水泵关闭按钮"m10"，关闭冷水泵。

### 5.5.6　数据记录和整理

保持热流体流量 $V_t$ 不变，改变冷流体流量 $V_s$，测量冷、热流体的进出口温度 $t_1$、$t_2$、$T_1$、$T_2$，根据式(5-17)计算平均温差 $\Delta t_m$，根据式(5-19)计算热流体放出的热量 $Q_t$，根据式(5-20)计算冷流体获得的热量 $Q_s$，根据式(5-18)计算总传热系数 $K$。将测量结果和计算结果填入数据表 5-7 中。

表 5-7　测量结果和计算结果

| 序号 | $V_s$/(L/s) | $T_1$/℃ | $T_2$/℃ | $t_1$/℃ | $t_2$/℃ | $V_t$/(L/s) | $\Delta t_m$/℃ | $K$/[W/($m^2 \cdot$ K)] |
|---|---|---|---|---|---|---|---|---|
| 1 | | | | | | | | |
| 2 | | | | | | | | |
| 3 | | | | | | | | |
| 4 | | | | | | | | |
| 5 | | | | | | | | |
| 6 | | | | | | | | |
| 7 | | | | | | | | |
| 8 | | | | | | | | |
| 9 | | | | | | | | |
| 10 | | | | | | | | |

### 5.5.7　实验报告要求

① 写出实验目的、实验内容、实验步骤。

② 填写实验数据和计算数据表格。

③ 根据所测参数，理论计算总传热系数 $K$ 并与实验结果进行比较。以流量为横坐标，总传热系数 $K$ 为纵坐标，作 $V_s$-$K$ 的理论与实验曲线，对所得曲线进行分析。

④ 回答思考题。

### 5.5.8　思考题

① 总传热系数 $K$ 与流体对流传热系数 $\alpha$ 及污垢热阻 $R$ 有怎样的关系，为什么流体流量会影响总传热系数 $K$？

② 有些换热器被设计成多管程或多壳程，试根据本实验说出其中的道理。

③ 说明提高换热器中流体平均温差的优、缺点。

# 5.6　换热器管程和壳程压力降测定实验

### 5.6.1　实验目的

① 测量换热器管程和壳程的流体压力损失。

② 分析压力损失和流速之间的关系。

### 5.6.2　实验内容

在冷流体走管程或走壳程时，依次改变冷流体的流量，分别测量冷流体在不同流量下，换热器管程或壳程的进、出口压力，计算流经换热器管程或壳程的总压力损失。

### 5.6.3 实验装置

过程设备与控制多功能综合实验台（见封四），该装置操作流程见图 F-1，操作台面板见图 F-2。本实验流程见图 5-12 和图 5-13。

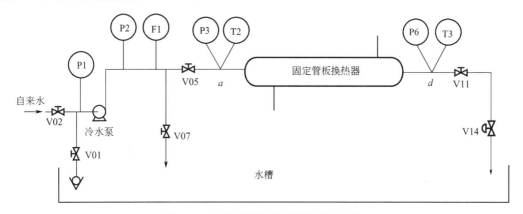

图 5-12　换热器管程压力降实验流程图

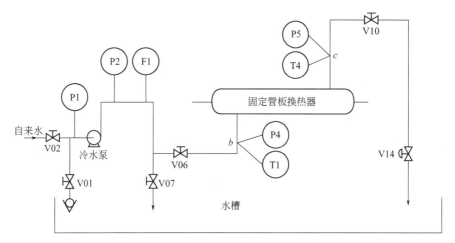

图 5-13　换热器壳程压力降实验流程图

### 5.6.4 实验原理

流体流经换热器时会出现压力损失，它包括流体在流道中的损失和在进出口处的局部损失。通过测量管程流体的进口压力 $p_{t1}$、出口压力 $p_{t2}$，便可以得到管程流体流经换热器的总压力损失 $\Delta p_t = p_{t1} - p_{t2}$；通过测量壳程流体的进口压力 $p_{s1}$、出口压力 $p_{s2}$，便可以得到壳程流体流经换热器的总压力损失 $\Delta p_s = p_{s2} - p_{s1}$。

### 5.6.5 实验步骤

（1）换热器管程压力降实验

① 打开 V05、V11，关闭其他阀门，使冷流体走管程，流程见图 5-12。

② 灌泵。打开自来水阀门 V02，然后旋开冷水泵排气阀放净空气，待放完泵内空气后将其关闭，保证离心泵中充满水，最后关闭自来水阀门 V02。

③ 开启工控机，进入"过程设备与控制综合实验"程序，单击"实验选择"按钮，进入实验选择界面，选择"换热器压力降测定实验"，进入实验程序界面，点击"管程"按钮选择管程压力降实验，单击"清空数据"按钮清空数据库。

④ 逆时针转动操作台面板上压力调节旋钮"m8"至零位，逆时针转动流量调节旋钮"m9"至零位，关闭流量调节阀。

⑤ 启动冷水泵。将操作台面板上水泵运行方式选择开关"m7"旋向"变频运行"位置，选择变频运转方式，然后按下冷水泵启动按钮"m11"启动冷水泵，顺时针转动压力调节旋钮"m8"使冷水泵出口压力表"m4"保持在0.7MPa。

⑥ 顺时针转动流量调节旋钮"m9"改变冷流体流量，从1.0L/s开始，以后每间隔0.2L/s，点击一次"记录"按钮记录数据，直至2.2L/s为止。

⑦ 关闭冷水泵。逆时针转动压力调节旋钮"m8"使冷水泵出口压力表"m4"回零。按下水泵关闭按钮"m10"，关闭冷水泵。

⑧ 逆时针转动流量调节旋钮"m9"至零位，关闭流量调节阀。

（2）换热器壳程压力降实验

① 打开阀门V06、V10，关闭其他阀门，使冷流体走壳程，流程见图5-13。

② 点击实验界面中"壳程"按钮选择壳程压力降实验，单击"清空数据"按钮清空数据库。

③ 再次启动冷水泵。将水泵运行方式开关"m7"旋向"变频运行"，选择变频运转方式，然后按下冷水泵启动按钮"m11"，顺时针转动压力调节旋钮"m8"使冷水泵出口压力表"m4"保持在0.7MPa。

④ 顺时针转动流量调节旋钮"m9"改变冷流体流量，从0.4L/s开始，以后每间隔0.2L/s，点击一次"记录"按钮记录数据，直至2.2L/s为止。

⑤ 关闭冷水泵。逆时针转动压力调节旋钮"m8"使冷水泵出口压力表"m4"回零。按下水泵关闭按钮"m10"，关闭冷水泵。

⑥ 逆时针转动流量调节旋钮"m9"至零位，关闭流量调节阀。

### 5.6.6 数据记录和整理

让冷水走管程，并改变流量 $V_t$，测量管程流体的进出口压力 $p_{t1}$、$p_{t2}$，计算压力损失 $\Delta p_t = p_{t1} - p_{t2}$；切换管路，让冷水改走壳程，并改变流量 $V_s$，测量壳程流体的进出口压力 $p_{s1}$、$p_{s2}$，计算压力损失 $\Delta p_s = p_{s1} - p_{s2}$。将测量结果和计算结果填入数据表5-8中。

表5-8 测量结果和计算结果

| 序号 | 管　　程 | | | | 壳　　程 | | | |
|---|---|---|---|---|---|---|---|---|
| | $V_t$/(L/s) | $p_{t1}$/MPa | $p_{t2}$/MPa | $\Delta p_t$/MPa | $V_s$/(L/s) | $p_{s1}$/MPa | $p_{s2}$/MPa | $\Delta p_s$/MPa |
| 1 | | | | | | | | |
| 2 | | | | | | | | |
| 3 | | | | | | | | |
| 4 | | | | | | | | |
| 5 | | | | | | | | |
| 6 | | | | | | | | |
| 7 | | | | | | | | |
| 8 | | | | | | | | |
| 9 | | | | | | | | |
| 10 | | | | | | | | |

### 5.6.7 实验报告要求

① 写出实验目的、实验内容、实验步骤。

② 填写实验数据和计算数据表格。

③ 根据所测流量 $V_t$ 和 $V_s$，计算管程流体流经换热器的压力损失，并与实验结果进行比较。以流量为横坐标，压力损失为纵坐标，作 $\Delta P_t$-$V_t$ 的理论曲线与实验曲线及 $\Delta P_s$-$V_s$ 实验曲线，对所得曲线进行分析。

④ 回答思考题。

### 5.6.8 思考题

① 如何降低换热器中的阻力损失？

② 管程压力损失由几项组成？各项理论上应该怎么计算？

# 5.7 换热器壳体热应力测定实验

### 5.7.1 实验目的

① 测定在壳程压力作用下换热器壳体上的应力。

② 测定在温度载荷或压力和温度载荷联合作用下换热器壳体上的应力。

③ 掌握电阻应变原理和应力测定方法，熟悉电阻应变仪的使用方法。

### 5.7.2 实验内容

当换热器壳程走冷流体、管程关闭时（无温差应力），依次改变壳程流体压力，测量换热器壳体在不同压力下的应变值；当换热器壳程走冷流体且压力恒定、管程走热流体（存在温差应力）时，依次改变管程温度，测量换热器壳体在不同管程温度下的应变值。计算换热器壳体的温差应力。

### 5.7.3 实验装置

① 过程设备与控制多功能综合实验台（见封四），该装置操作流程见图 F-1，操作台面板见图 F-2。

② 静态电阻应变仪。

### 5.7.4 实验原理

应力测定中通常用电阻应变仪来测定各点的应变值，然后根据广义虎克定律换算成相应的应力值。换热器壳体可认为是处于二向应力状态，因此，在弹性范围内广义虎克定律表示为：

周向应力

$$\sigma_\theta = \frac{E}{1-u^2}(\varepsilon_\theta + \mu\varepsilon_z) \tag{5-21}$$

轴向应力

$$\sigma_z = \frac{E}{1-u^2}(\varepsilon_z + \mu\varepsilon_\theta) \tag{5-22}$$

式中　$E$——设备材料的弹性模量，MPa；

　　　$\mu$——泊松比；

　　　$\varepsilon_\theta$——周向应变；

　　　$\varepsilon_z$——轴向应变。

电阻应变仪的基本原理就是将应变片电阻的微小变化用电桥转换成为电压电流的变化。在正常操作条件下，换热器壳体中的应力是流体压力载荷（壳程压力 $p_s$、管程压力 $p_t$）、温度载荷及重力与支座反力引起的。由于换热器的轴向弯曲刚度大，重力与支座反力在壳体上产生的弯曲应力相对较小，可以忽略。

温度载荷只引起轴向应力，当压力载荷和温度载荷联合作用时有

$$\sigma_\theta = \sigma_\theta^p \tag{5-23}$$

$$\sigma_z = \sigma_z^p + \sigma_z^t \tag{5-24}$$

式中　$\sigma_\theta^p$——压力载荷在换热器壳体中引起的环向应力，MPa；

　　　$\sigma_z^p$——压力载荷在换热器壳体中引起的轴向应力，MPa；

　　　$\sigma_z^t$——温度载荷在换热器壳体中引起的轴向应力，MPa。

### 5.7.5　实验步骤

（1）BZ2205C 静态电阻应变仪设置（详见使用说明书）

① 启动 BZ2205C 静态电阻应变仪。

② 开启工控机，进入"过程设备与控制综合实验"程序，单击"实验选择"，进入实验选择界面，选择"换热器温差应力测定实验"，进入实验程序界面，选择"壳程受压"，单击"清空数据"按钮清空数据库。

③ 单击实验界面上的"平衡"按钮，对应变仪进行平衡。

④ 单击实验界面上的"测量"按钮，检查应变读数是否基本为零（若偏差较大时重复③、④步骤）。

（2）实验方案 1

换热器壳程走冷流体，管程关闭（无温差应力）。实验流程如图 5-14 所示。

① 打开阀门 V06、V10，关闭管程进出口及其他阀门，使冷流体走换热器壳程，并经流量调节阀 V14 流回水槽。

② 灌泵。打开自来水阀门 V02，旋开冷水泵排气阀放净空气，待放完内空气后关闭，保证离心泵中充满水，最后关闭自来水阀门 V02。

③ 将操作台面板上的水泵运行方式开关"m7"旋向"工频"位置，选择工频运转方式，然后按下水泵启动按钮"m11"启动冷水泵。

④ 待冷水泵运转 3min 后，转动操作台面板上的旋钮"m9"调节电动调节阀 V14，改变壳程流体流量，使换热器壳程进口压力依次从 0.2MPa 到 0.8MPa，每隔 0.1MPa 单击实验界面上的"测量"按钮，测量并记录一次换热器进、出口压力和应变值。

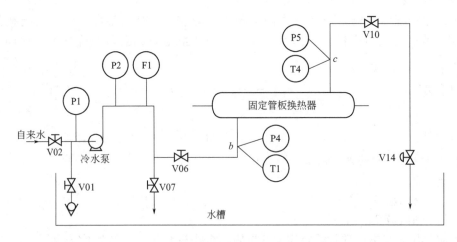

图 5-14　换热器壳程走冷流体管程关闭实验流程

⑤ 关闭冷水泵。打开阀门 V07，按下水泵关闭按钮"m10"，冷水泵停止运转。

⑥ 不退出实验程序，继续做温差应力实验。

（3）实验方案 2

换热器壳程走冷流体，管程走热流体（存在温差应力）。实验流程如图 5-15 所示。

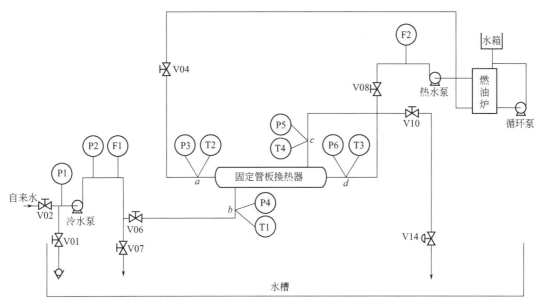

图 5-15　换热器壳程走冷流体、管程走热流体的实验流程

P1—冷水泵进口压力；P2—冷水泵出口压力；P3—换热器管程出口压力；P4—换热器壳程进口压力；P5—换热器壳程出口压力；P6—换热器管程进口压力；T1—换热器壳程进口温度；T2—换热器管程出口温度；T3—换热器管程进口温度；T4—换热器壳程出口温度；F1—冷水泵流量；F2—热水泵流量；V14—电动调节阀

① 打开阀门 V06、V10、V04、V08，其他阀门均关闭，使冷流体走换热器壳程，并经流量调节阀 V14 流回水槽，热流体走换热器管程。

② 开启燃油炉，设置温度上限 75℃，设置温度下限 70℃。

③ 选择"温差应力"，单击"清空数据"按钮，清空数据库。

④ 按下操作台面板上的水泵启动按钮"m11"启动冷水泵。

⑤ 转动操作台面板上的旋钮"m8"调节阀门 V14，改变壳程流体流量 $q_{v1}$，使换热器壳程进口压力稳定在 0.5MPa。

⑥ 待燃油炉内水温达到温度上限时，顺时针转动操作台面板上的开关"m12"开启循环泵，等待 3min，待锅炉内热水基本均匀后，逆时针转动开关"m12"关闭循环泵，再顺时针转动操作台面板上的开关"m13"开启热水泵；调节阀门 V04，使热流体流量 $q_{v2}$ 保持在 0.3L/s 左右。

⑦ 换热器管程进口温度会逐渐下降，从 70℃到 40℃，约每间隔 5℃，单击实验界面上的"测量"按钮，依次测量并记录一次实验数据。

⑧ 逆时针转动操作台面板上的开关"m13"关闭热水泵。

⑨ 打开阀门 V07，按下操作台面板上的水泵关闭按钮"m10"关闭冷水泵。

### 5.7.6　数据记录和整理

（1）壳程压力引起的壳体应力（只有冷流体走壳程）

壳程压力 $p_s$ 可取壳程冷流体进出口压力 $p_{si}$、$p_{so}$ 的平均值，即 $p_s = \dfrac{p_{si} + p_{so}}{2}$。管程没有流体，因此管程压力 $p_t$ 和温差载荷为零。将测量出的结果填入数据表 5-9 中。忽略换热器重力和支座反力的影响，各点应力相等，故各点应变取平均值，即

$$\varepsilon_\theta = (\varepsilon_{\theta 1} + \varepsilon_{\theta 2} + \cdots + \varepsilon_{\theta n})/n \qquad (5\text{-}25)$$

$$\varepsilon_z = (\varepsilon_{z 1} + \varepsilon_{z 2} + \cdots + \varepsilon_{z n})/n \qquad (5\text{-}26)$$

式中　$n$——测点数。

将 $\varepsilon_\theta$、$\varepsilon_z$ 代入式(5-21)、式(5-22)计算各实验压力下的应力。绘制 $\sigma_\theta$-$p_s$ 曲线。

（2）温度载荷作用引起的壳体应力

热水走管程，冷水走壳程。壳程压力 $p_s$ 取壳程冷流体进出口压力 $p_{si}$、$p_{so}$ 的平均值，即 $p_s = \dfrac{p_{si} + p_{so}}{2}$。管程压力 $p_t$ 取管程热流体进出口压力 $p_{ti}$、$p_{to}$ 的平均值，即 $p_t = \dfrac{p_{ti} + p_{to}}{2}$。由于换热管内外均为水，换热器壳体外为大气，因此，换热管壁温可近似取两侧流体温度的平均值，即 $t_t = \dfrac{t_1 + t_2 + T_1 + T_2}{4}$，其中 $t_1$、$t_2$ 为壳程冷流体进出口温度，$T_1$、$T_2$ 为管程热流体进出口温度。换热器壳体壁温可近似取壳程冷流体平均温度，$t_s = \dfrac{t_1 + t_2}{2}$。因此，管壁和壳体的温差为：$\Delta t = t_t - t_s$，将测量出的结果填入数据表5-10中。

用相同方法计算各实验温差下的温度载荷和压力联合作用下换热器中的应力，将此应力减去仅受相应实验压力下的应力（可根据 $\sigma$-$p$ 曲线查到），得到平均温差产生的应力。绘制 $\sigma$-$\Delta t$ 曲线。

根据所测压力及温度值，计算在压力和温度载荷联合作用下换热器中的应力，并与各测点应力平均值进行比较。以温差 $\Delta t$ 为横坐标，壳体轴向总应力 $\sigma_z$ 为纵坐标，作 $\sigma_z$-$\Delta t$ 的理论曲线与实验曲线，对所得曲线进行分析。

### 5.7.7　实验报告要求

① 写出实验目的、实验内容、实验步骤。

② 填写实验数据和计算数据表格。

③ 只受壳程压力作用时，以壳程压力为横坐标，壳体应力为纵坐标，作 $\sigma$-$p$ 的实验曲线，并进行分析。

表 5-9　壳程压力实验测量结果

| $p_{si}$/MPa | $p_{so}$/MPa | 测点 | $\varepsilon_\theta$ | $\varepsilon_z$ |
|---|---|---|---|---|
| | | 1 | | |
| | | 2 | | |
| | | 3 | | |
| | | 4 | | |
| | | 5 | | |
| | | 1 | | |
| | | 2 | | |
| | | 3 | | |
| | | 4 | | |
| | | 5 | | |

| $p_{si}$/MPa | $p_{so}$/MPa | 测点 | $\varepsilon_\theta$ | $\varepsilon_z$ |
|---|---|---|---|---|
| | | 1 | | |
| | | 2 | | |
| | | 3 | | |
| | | 4 | | |
| | | 5 | | |
| | | 1 | | |
| | | 2 | | |
| | | 3 | | |
| | | 4 | | |
| | | 5 | | |

表 5-10　温度载荷实验测量结果

| $T_1$/℃ | $T_2$/℃ | $t_1$/℃ | $t_2$/℃ | $p_{ti}$/MPa | $p_{to}$/MPa | $p_{si}$/MPa | $p_{so}$/MPa | 测点 | $\varepsilon_\theta$ | $\varepsilon_z$ |
|---|---|---|---|---|---|---|---|---|---|---|
| | | | | | | | | 1 | | |
| | | | | | | | | 2 | | |
| | | | | | | | | 3 | | |
| | | | | | | | | 4 | | |
| | | | | | | | | 5 | | |
| | | | | | | | | 1 | | |
| | | | | | | | | 2 | | |
| | | | | | | | | 3 | | |
| | | | | | | | | 4 | | |
| | | | | | | | | 5 | | |
| | | | | | | | | 1 | | |
| | | | | | | | | 2 | | |
| | | | | | | | | 3 | | |
| | | | | | | | | 4 | | |
| | | | | | | | | 5 | | |
| | | | | | | | | 1 | | |
| | | | | | | | | 2 | | |
| | | | | | | | | 3 | | |
| | | | | | | | | 4 | | |
| | | | | | | | | 5 | | |

④ 壳程压力和温度载荷联合作用时，以温差为横坐标，壳体应力为纵坐标，作 $\sigma$-$\Delta t$ 实验曲线，并进行分析。

⑤ 回答思考题。

### 5.7.8 思考题

① 构件中产生热应力的条件是什么？

② 固定管板换热器中的热应力是否可以消除？是否可以采取措施降低热应力？

③ 只受壳程压力作用时，壳体的轴向应力远小于周向应力，为什么？

# 5.8 超声波探伤实验

### 5.8.1 实验目的

① 学习超声波探伤仪使用方法；掌握焊缝超声探伤的方法。

② 对钢板对接焊缝试板进行探伤并对焊缝缺陷进行评定。

### 5.8.2 实验内容

利用超声波探伤标准试块对超声波探伤仪进行校准，绘制距离-波幅曲线，然后对钢板对接焊缝试板进行实际探伤并对焊缝缺陷进行评定。

### 5.8.3 实验装置

SDU40B 型数字超声波探伤仪、斜探头、CSK-ⅠA 型标准试块、CSK-ⅢA 型标准试块、钢板对接焊缝试板和耦合剂（30$^{\#}$ 机油）。

### 5.8.4 实验原理

（1）超声波探伤仪工作原理

超声波在固体中传播时，若遇到两种介质的分界面，超声波就会从分界面上反射回来，超声波探伤仪就是利用这一原理进行工作的。使用超声波探伤仪的探头在焊接试板上移动，在超声波遇到焊接试板内缺陷时，其回波被超声波探伤仪接收，仪器依据回波与发射波之间的时间差确定超声波传播的距离（声程），进而确定缺陷位置，达到探伤的目的。

超声波探伤仪的电路方框图如图 5-16 所示。由同步发生器、扫描发生器、高频发生器、接收放大器、探头和示波管电路等几部分组成。

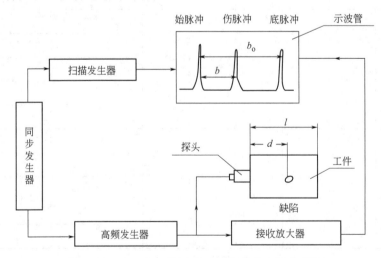

图 5-16　SDU40B 型数字超声波探伤仪电路方框图

超声波探伤仪的工作原理简述如下。

同步发生器产生周期性的同步脉冲信号，用于扫描发生器和高频发生器的同步工作。高频发生器发射脉冲加到探头上，激励探头产生超声波脉冲。超声波透过耦合剂在工件内传播，当遇到工件界面或缺陷时产生反射波，探头接收后转变成电脉冲信号，经接收放大器处理后送到示波管屏幕 $Y$ 轴进行显示。同时，扫描发生器产生一锯齿波，加到示波管屏幕 $X$ 偏转板上，产生一个从左至右的水平扫描线即时基线。扫描光点的位移与时间成正比，因此反射波的水平位置就反映了超声波探头至工件底面或缺陷处的距离。屏幕上显示的波高与探头接收到的超声波声压成正比，可根据反射波波高对缺陷进行定量。

（2）数字超声波探伤仪的使用

SDU40B 型数字超声波探伤仪外观如图 5-17(a) 所示，操作界面如图 5-17(b) 所示。

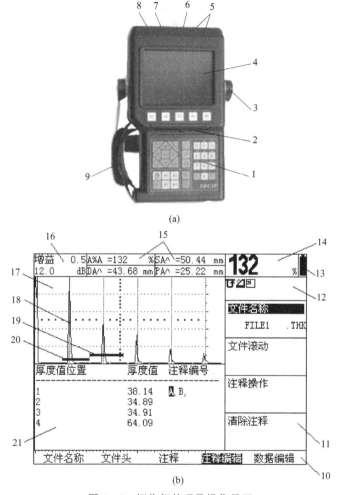

(a)

(b)

图 5-17　探伤仪外观及操作界面

1—功能键盘及字符输入键盘；2—菜单键；3—活动支架；4—显示屏；5—探头电缆端口；
6—外接电源及充电状态指示灯；7—交流适配器端口；8—通信端口；9—腕带；10—菜单栏，
可列出主菜单、子菜单或状态栏；11—功能或数值栏，可列出所选子菜单中的所需功能；
12—指示符号栏；13—电池电量显示；14—测量结果放大显示区；15—测量结果输出框；
16—增益及步长显示区；17—A 扫描回波显示区；18—A 扫描回波曲线；19—B 闸门；
20—A 闸门；21—厚度值注释编辑

97

SDU40B 型数字超声波探伤仪键盘如图 5-18 所示。

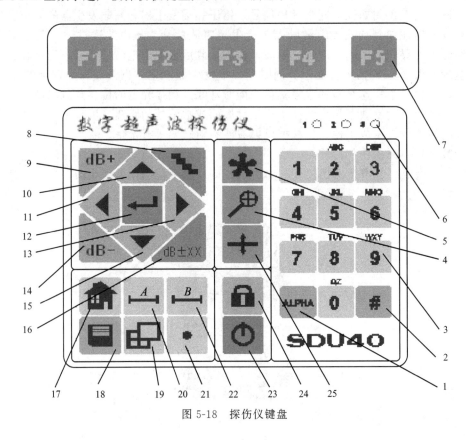

图 5-18　探伤仪键盘

图中：

1—[ALPHA 键]，字符输入键复用功能选择，默认状态数字键，第一次按压后为大写字母，第二次按压后为小写字母，第三次按压后恢复默认状态；

2—[♯键]，输入当前字符的下一个 ASCII 码；

3—[0 键] 至 [9 键]，字符输入，默认状态时按一次输入 0…9，复用功能选中时，按一次输入第 1 个字母，连续按两次输入第 2 个字母，连续按三次输入第 3 个字母；

4—[展宽键]，将选定闸门内的 A 扫描回波放大到整个回波显示区；

5—[冻结键]，按设定的冷冻模式冻结 A 扫描回波；

6—报警输出指示灯；

7—[菜单键]，用于选择主菜单和子菜单，以及编辑菜单和注释选择，详见显示屏幕；

8—[增益步长键]，选择调节增益的步进值；

9—[dB＋键]，增加系统增益值；

10—[上键]；

11—[左键]；

12—[确认键]；

13—[右键]；

14—[dB－键]，减小系统增益值；

15—[下键]；

16—[dB±XX 键]，快速切换系统增益与参考增益；

17—[主菜单键]，快速返回上一级菜单；

18—[存储键]，快速进行文件存储；

19—[测量结果放大显示键]，选择放大显示的测量结果；

20—[A闸门键]，A闸门快速调节选择键；

21—[特殊功能键]，特殊功能键（如录像）；

22—[B闸门键]，B闸门快速调节选择键；

23—[电源键]，开关探伤仪；

24—[菜单锁键]，打开或锁定功能项的参数调节；

25—[状态栏键]，从主菜单转换到状态栏，第一次按压此键在菜单栏中显示虚框标记，第二次按压此键启动识别条，指示显示延时及探测范围，第三次按压此键返回原菜单。

### 5.8.5 实验步骤

（1）探伤仪调整步骤

① 按［基本］菜单，进入［探测范围］子菜单，通过［上键］和［下键］选择屏幕右侧的［探测范围］，再通过［左键］和［右键］调节［探测范围］大小（200mm）。

② 按［基本］菜单，进入［探测范围］子菜单，通过［上键］和［下键］选择屏幕右侧［材料声速］，再通过［左键］和［右键］调节［材料声速］大小为3240m/s左右。

③ 按［收发］菜单，进入［接收］子菜单，通过［上键］和［下键］选择屏幕右侧［收发模式］，再通过［左键］和［右键］调节［收发模式］为单晶模式。

④ 按［几何参数］菜单，进入［设置］子菜单，通过［上键］和［下键］选择屏幕右侧［探头 $K$ 值］，再通过［左键］和［右键］调节至与探头显示一致（使用探头 $K=2.5$）。其他参数参照表5-11～表5-13（加黑参数需要设置，其他为缺省）。

（2）探伤仪标定

采用CSK-ⅠA型标准试块，按1∶1对探伤仪进行标定：按［继续］后的［自动校准］，进入［校准1］子菜单，通过［上键］和［下键］选择屏幕右侧［校准测量记录］后按［回车］键，将斜探头置于试块上，找到 $R50$ 和 $R100$ 的最大回波，固定探头不动，调节闸门位置框住 $R50$ 的最大回波，选择屏幕右侧［校准测量记录］后按［回车］键，再调节闸门位置框住 $R100$ 的最大回波，选择屏幕右侧［校准测量记录］后按［回车］键，即完成了1∶1标定。

（3）斜探头参数测定

斜探头参数测定采用CSK-ⅠA型试块，选择埋深为15mm的 $\phi2$ 孔。按［继续］后的［自动校准］，进入［校准2］子菜单，通过［上键］和［下键］选择屏幕右侧［$D$ 参考］，通过［左键］和［右键］调节至15，通过［上键］和［下键］选择屏幕右侧［$P$ 参考］，调节至30。再通过［上键］和［下键］选择屏幕右侧［校准测量记录］后按［回车］键（显示 记录?），找到埋深为15mm孔的最大回波，固定探头不动，调节闸门位置框住埋深为15mm孔的最大回波，用直尺测量小孔到探头前沿的距离，通过［上键］和［下键］选择屏幕右侧［$P$ 参考］，调节 $P$ 至测量值。选择屏幕右侧［校准测量记录］后按［回车］键（显示 校准?），按［回车］键（显示 关），即完成了斜探头 $K$ 值和前沿长度的测量。

（4）距离-波幅曲线

距离-波幅曲线的绘制采用CSK-ⅢA型试块。一般根据所测工件的厚度选择绘制距离-波幅曲线的孔数（间隔为每10mm一个孔），选用的厚度为大于2倍的工件厚度。

表 5-11　超声波探伤仪菜单功能表 1

| 基本 | | | 收发 | | | 闸门 | | |
|---|---|---|---|---|---|---|---|---|
| 探测范围 | 探测范围/mm | 200 | 发射 | 发射类型 | 尖脉冲 | 闸门位置 | 闸门选择 | A |
| | 探头延时/μs | 0 | | 发射能量 | 高 | | 闸门起点 | |
| | 材料声速/(m/s) | 3240 | | | | | 闸门宽度/mm | 50 |
| | 显示延时/ms | 0 | | 输出阻尼 | 150 | | 闸门高度 | 10% |
| 设置 | 冷冻模式 | 全部 | 接收 | 滤波器选择/MHz | 0.5～5 | 闸门模式 | 闸门选择 | A |
| | 波形显示模式 | 空心 | | 检波模式 | 正半波 | | 探测模式 | 峰值 |
| | 坐标选择 | GRID 1 | | 收发模式 | 单晶 | | 测量起点 | IP |
| | 峰值记忆 | 关 | | 波形抑制 | 0 | | 展宽闸门 | A |
| 显示 | 颜色配置 | SCHEME 1 | 增益 | 增益步长 | 2.0 | 报警 | 闸门选择 | A |
| | 配置选择 | WINDOW | | 用户增益值 | 10 | | 报警逻辑 | 测量 |
| | 颜色选择 | BLUE | | 参考增益 | 关 | | 报警消除 | |
| | 背光调节 | 205 | | 用户定义步长 | 24 | | 报警声音 | 关 |
| 区域 | 语言选择 | 中文 | | | | TTL输出 | TTL1# | 关 |
| | 单位选择 | 公制 | | | | | TTL2# | 关 |
| | 日期设定 | | | | | | TTL3# | 关 |
| | 时间设定 | | | | | | 报警模式 | 即时 |
| 测量结果 | 显示读数 1 | A%A | | | | 厚度限制 | 厚度下限/mm | 0 |
| | 显示读数 2 | SA^ | | | | | 厚度上限/mm | 50 |
| | 显示读数 3 | DA^ | | | | | | |
| | 显示读数 4 | PA^ | | | | | | |

表 5-12　超声波探伤仪菜单功能表 2

| 几何参数 | | | 自动校准 | | |
|---|---|---|---|---|---|
| 设置 | 探头角度 | 自动生成 | 校准 1 | S-参考 1/mm | 50 |
| | 探头 K 值 | $\tan\theta=2.5$ | | S-参考 2/mm | 100 |
| | 工件厚度/mm | 50 | | 校准测量记录 | 关 |
| | 探头前沿值/mm | 5～8 | | A 闸门起点 | 根据回波位置调整 |
| 曲面 | 探测位置 | | 读数 1 | 材料声速 | 自动生成 |
| | 工件外径 | 平面 | | 探头延时 | 自动生成 |
| | | | 校准 2 | 反射体尺寸/mm | 2.0 |
| | | | | D-参考/mm | 15.0 |
| | | | | P-参考/mm | 30.0 |
| | | | | 校准测量记录 | |
| | | | 读数 2 | 探头角度 | 自动生成 |
| | | | | 探头 K 值 | 自动生成 |
| | | | | 探头前沿值 | 自动生成 |

表 5-13　超声波探伤仪菜单功能表 3

| 文　件 | | | DAC | | |
|---|---|---|---|---|---|
| 名称 | 文件类型 | 参数、A 扫描通道、厚度 | 标定 | A 闸门起点/mm | |
| | 文件名称 | | | A 闸门高度/％ | |
| | 文件操作 | | | 标定点 | |
| | 创建文件 | | | 删除曲线 | |
| | | | 设置1 | DAC/TCG 模式 | 关 |
| | | | | DAC/TCG 曲线显示 | 开 |
| | | | 设置2 | DAC 偏置编号 | |
| | | | | DAC 偏置增量 | |
| | | | | 工件表面补偿 | 标定为 0,探测为 4 |
| | | | 编辑 | 编辑点号 | 与标定点一致 |
| | | | | 编辑点删除 | 对标定点操作 |
| | | | | 编辑点重标定 | |

按 [继续] 后的 [DAC] 菜单，将斜探头置于 CSK-ⅢA 型试块上，通过耦合剂将斜探头和试块耦合好，找到埋深为 10mm 孔的最大回波，通过调节增益值将最大回波的幅度调至 80％，调节闸门位置框住埋深为 10mm 孔的最大回波，选择屏幕右侧 [标定点] 后按 [回车] 键，固定增益值不动，继续找埋深为 20mm、30mm、40mm、50mm 孔的最大回波，方法同埋深为 10mm 的操作步骤一样，这样就完成基准线的绘制。

根据基准线，参照检测工件的厚度，按表 5-13 调节 DAC 偏置增量形成距离-波幅曲线，如图 5-19 所示。

图中曲线 1 为判废线，判废线上方（包括判废线）称为Ⅲ区；曲线 2 为定量线，定量线（包括定量线）与判废线之间称为Ⅱ区；曲线 3 为评定线，评定线（包括评定线）与定量线之间称为Ⅰ区。

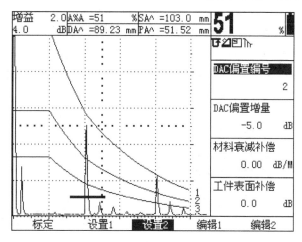

图 5-19　距离-波幅曲线图

（5）表面补偿

因焊板的表面光洁度与试块的不同，需要测定焊板的表面补偿量。根据经验一般确定为 +4dB。按 [继续] 后的 [自动校准]，进入 [校准 2] 子菜单，通过 [上键] 和 [下键] 选择屏幕右侧 [工作表面补偿]，通过 [左键] 和 [右键] 调节至 +4dB。

（6）缺陷扫查

扫查前在钢板对接焊缝试板表面均匀涂上耦合剂，使斜探头与焊板完全耦合。采用单面双侧探伤，尽量扫查到工件的整个被检区域，采用锯齿形扫查（前后扫查，左右扫查和摆动扫查结合的扫查方式），探头的扫查速度不应超过 150mm/s。

（7）缺陷评定

按标准 NB/T 47013—2015 焊缝有关标准对试板进行评定。

### 5.8.6 数据记录和整理

① 使用距离-波幅曲线对缺陷进行判别。回波高度在定量线以下为Ⅰ级，回波高度在定量线和判废线之间为Ⅱ级，回波高度在判废线以上为Ⅲ级。

② 回波前沿水平刻度的读数即为缺陷到探测面的垂直深度。

③ 缺陷沿焊接接头方向的长度。探头沿焊接接头方向移动，当回波高度为最高回波高度的 1/2 时，认为该点为缺陷的长度界限。

④ 将钢板对接焊缝试板探伤数据填入表 5-14。

表 5-14　钢板对接焊缝试板探伤数据表

| 试板编号 | 回波高度/mm | 缺陷级别/级 | 缺陷深度/mm | 缺陷长度/mm | 缺陷水平位置 |
|---|---|---|---|---|---|
|  |  |  |  |  |  |
|  |  |  |  |  |  |
|  |  |  |  |  |  |

### 5.8.7 实验报告要求

① 写出实验目的、实验内容、实验步骤。

② 填写实验数据和计算表格数据。

③ 绘制距离-波幅曲线，填写钢板对接焊缝试板探伤表格，并对钢板对接焊缝试板的缺陷进行评定。

④ 绘制钢板对接焊缝试板简图，标注焊缝缺陷位置。

⑤ 回答思考题。

### 5.8.8 思考题

① 超声波探伤依据什么来确定缺陷的水平位置和垂直位置？

② 超声波探伤依据什么来确定缺陷的大小？

③ 如何评定缺陷等级？

# 5.9　安全阀泄放性能测定实验

### 5.9.1 实验目的

① 测定安全阀的排放压力，绘制安全阀开启前后的压力变化曲线。

② 测定安全阀在基准进口温度下的排量 $q_r$。

### 5.9.2 实验内容

测量安全阀的排放压力，并测量安全阀排放时的基点压力（安全阀进口压力）$p_B$、基点温度（安全阀进口温度）$T_B$、孔板流量计进口静压力 $p_m$、孔板流量计进口流体温度 $T_m$、孔板流量计差压力 $h_w$，计算安全阀在基准进口温度下的排量 $q_r$。

### 5.9.3 实验装置

安全阀泄放性能测定实验装置，如图 5-20 所示。

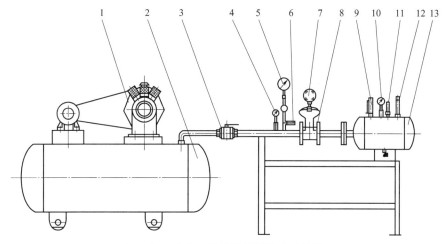

图 5-20 安全阀泄放性能测定实验装置

1—空气压缩机；2—储气罐；3—调节阀门；4—温度变送器（流量计进口流体温度 $T_m$）；
5—压力表；6—压力变送器（流量计进口静压力 $p_m$）；7—差压变送器
（流量计差压力 $h_w$）；8—孔板流量计；9—安全阀；10—温度变送器
（基点温度 $T_B$）；11—压力变送器（基点压力 $p_B$）；
12—安全阀试件（额定排放压力 $p_f=0.5MPa$）；
13—试验容器 $\phi 300mm$

### 5.9.4 实验原理

（1）安全阀工作原理

当压力容器处于紧急或异常状况时，为防止其内部介质压力超过预定最高压力，安全阀可自动排出一定数量的流体，使压力容器内的压力降低。安全阀由阀座、阀瓣、调节弹簧等部件构成，如图 5-21 所示。

压力容器内部的压力高于安全阀的整定压力时，由于介质作用在阀瓣上的压力大于弹簧对阀瓣的作用力，致使阀瓣产生位移，介质从阀座与阀瓣间的缝隙中排出。

压力容器内部的压力低于安全阀的整定压力时，由于介质作用在阀瓣上的压力小于弹簧对阀瓣的作用力，致使阀瓣复位，安全阀关闭。

（2）安全阀排放压力的测量

安全阀的排放压力是安全阀整定压力与超过压力之和，即当安全阀排放时，安全阀的进口压力在实验时通过测量基点压力 $p_B$（绝压）得到。

（3）安全阀排量 $q_r$ 的计算（基准温度 $t=20℃$）

① 孔板流量计参数。孔板接管内径 $D=41mm$，孔板孔口直径 $d=10.32mm$，有

$$\beta=d/D=0.2517$$

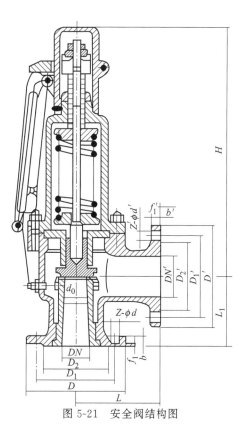

图 5-21 安全阀结构图

② 试用流量 $W_t$

$$W_t = 0.0125d^2 K_0 Y \sqrt{h_w \rho_m} \quad (\text{kg/h}) \tag{5-27}$$

式中　$d$——孔板孔口直径，mm；

　　　$K_0$——试用流量系数，查表 5-15（取 $R_d = 2 \times 10^4$）；

　　　$Y$——膨胀系数，查表 5-16，表中 $p_2/p_1$ 为孔板前后压力之比；

　　　$p_1$——孔板前压力，取流量计进口静压力 $p_m$ 的实测值；

　　　$p_2$——孔板后压力，$p_2 = p_1 - h_w$；

　　　$h_w$——流量计差压力实测值，$mmH_2O$（$100mmH_2O = 1kPa$）；

　　　$\rho_m$——流量计进口处流体密度，$kg/m^3$，取 $\rho_m = 1.205kg/m^3$。

③ 孔板喉部雷诺数 $R_d$

$$R_d = \frac{0.354W_t}{d\mu} \tag{5-28}$$

式中　$\mu$——空气黏度，$\mu = 18.1 \times 10^{-3} Pa \cdot s$。

④ 测量排量 $W_h$

$$W_h = W_t \frac{K}{K_0} \quad (\text{kg/h}) \tag{5-29}$$

式中　$K$——流量系数，利用式(5-28)计算的 $R_d$ 值查表 5-15。

⑤ 在基点状况下的空气密度 $\rho_B$

$$\rho_B = \rho_s p_B / 0.101325 \tag{5-30}$$

式中　$\rho_s$——在标准大气压下和基点温度下干燥空气密度，$kg/m^3$，查表 5-17；

　　　$p_B$——基点压力（绝压）实测值，MPa。

⑥ 在基点状况下流量计处的容积流量 $q_b$

$$q_b = \frac{W_h}{60 \times \rho_B} \quad (\text{m}^3/\text{min}) \tag{5-30}$$

式中　$\rho_B$——在基点状况下的空气密度，$kg/m^3$，按式(5-30)计算。

⑦ 安全阀进口温度校正系数 $C$

$$C = \sqrt{T_V / T_r} \tag{5-31}$$

式中　$T_V$——安全阀进口绝对温度（基点温度）实测值，K；

　　　$T_r$——安全阀进口基准绝对温度，K，$T_r = 293K$。

⑧ 在基准进口温度下被测安全阀的排量 $q_r$

$$q_r = q_b C \quad (\text{m}^3/\text{min}) \tag{5-32}$$

式中　$C$——安全阀进口温度校正系数，按式(5-31)计算。

**表 5-15　角接取压标准孔板的流量系数 $K_0$**

| $R_d$ | $5 \times 10^3$ | $10^4$ | $2 \times 10^4$ | $3 \times 10^4$ | $5 \times 10^4$ | $10^5$ | $10^6$ | $10^7$ |
|---|---|---|---|---|---|---|---|---|
| $K(\beta^4 = 0.004)$ | 0.6045 | 0.6022 | 0.6007 | 0.6001 | 0.5995 | 0.5997 | 0.5986 | 0.5986 |

**表 5-16　角接取压标准孔板的流束膨胀系数 $Y$**

| | $p_2/p_1$ | 1.0 | 0.98 | 0.96 | 0.94 | 0.92 | 0.90 | 0.85 | 0.80 | 0.75 |
|---|---|---|---|---|---|---|---|---|---|---|
| $Y$ | $\beta^4 = 0.00$ | 1.0000 | 0.9930 | 0.9866 | 0.9803 | 0.9742 | 0.9681 | 0.9531 | 0.9381 | 0.9232 |
| | $\beta^4 = 0.10$ | 1.0000 | 0.9924 | 0.9854 | 0.9787 | 0.9720 | 0.9654 | 0.9491 | 0.9328 | 0.9166 |

注：空气的等熵指数 $x = 1.4$。

表 5-17 在标准大气压下空气密度

| 温度/℃ | 0 | 10 | 20 | 30 | 40 | 50 | 60 | 70 |
|---|---|---|---|---|---|---|---|---|
| 密度/(kg/m³) | 1.293 | 1.247 | 1.205 | 1.165 | 1.128 | 1.093 | 1.060 | 1.029 |

### 5.9.5 实验步骤

① 打开计算机，点击"安全阀泄放实验"图标，进入"安全阀泄放性能测定实验"程序画面。

② 点击实验画面上的"实验"按钮，输入班级和实验组次，点击"确定"按钮后程序进入"测试画面"。

③ 打开"压力调节阀门"，启动压缩机，当流量计进口静压力 $p_m$ 达到 0.4MPa 后，点击测试画面上的"清空数据库"按钮，清空数据库数据，再点击"记录"按钮，进入"实时曲线"画面，等待安全阀进行泄放。

④ 当被测安全阀泄放后，"测试画面"上出现基点压力 $p_B$ 曲线和流量计差压力 $h_w$ 曲线，点击"显示数据"按钮，画面右下方出现安全阀开启时的实验数据。

⑤ 关闭压缩机。

⑥ 点击"导出数据"按钮，将实验数据存入 *.txt 文件。

⑦ 点击"打印"按钮，打印实验数据和实验曲线。

⑧ 点击"退出"按钮，结束实验。

### 5.9.6 数据记录和整理

（1）实验数据

① 基点压力（安全阀进口压力）$p_B$；

② 基点温度（安全阀进口温度）$T_B$；

③ 流量计进口静压力 $p_m$；

④ 流量计进口流体温度 $T_m$；

⑤ 流量计差压力 $h_w$。

（2）参数计算

① 试用流量 $W_t$（kg/h）；

② 孔板喉部雷诺数 $R_d$；

③ 测量排量 $W_h$（kg/h）；

④ 在基点状况下的空气密度 $\rho_B$；

⑤ 在基点状况下流量计处的容积流量 $q_b$（m³/min）；

⑥ 安全阀进口温度校正系数 $C$；

⑦ 在基准进口温度下被测安全阀的排量 $q_r$（m³/min）。

### 5.9.7 实验报告要求

① 简述实验目的、实验原理及实验装置。

② 整理实验数据并计算在基准进口温度下被测安全阀的排量。

③ 利用所学理论解释与安全阀泄放量有关的因素。

**【安全阀在基准进口温度下的排量计算示例】**

（1）原始实验数据

① 基点压力（安全阀进口压力）    $p_B = 0.54$MPa

② 基点温度（安全阀进口温度）    $T_B = 15.2$℃

③ 流量计进口静压力    $p_m = 0.52$MPa

④ 流量计进口流体温度 $\qquad T_m = 15.8℃$

⑤ 流量计差压力 $\qquad h_w = 16kPa$

（2）安全阀排量的计算

在基准温度（$t = 20℃$）下，安全阀排量 $q_r$（$m^3/min$）的计算如下。

① 孔板参数孔板接管内径 $D = 41mm$，孔板孔口直径 $d = 10.32mm$，故有

$$\beta = d/D = 0.2517, \beta^4 = 0.004$$

② 试用流量 $W_t$（$kg/h$）的计算：查表 5-15，得

$$K_0 = 0.6007（取 R_d = 2 \times 10^4）$$

$$p_2 = p_1 - h_w = p_m - h_w = 0.52 - 0.016 = 0.504（MPa）$$

$$p_2/p_1 = 0.504/0.52 = 0.96923$$

查表 5-16 $\qquad Y = 0.98952（插值）$

查表 5-17 $\qquad \rho_m = 1.205$

故 $\qquad W_t = 0.0125 d^2 K_0 Y \sqrt{h_w \rho_m}$

$$= 0.0125 \times 10.32^2 \times 0.6007 \times 0.98952 \times \sqrt{1600 \times 1.205}$$

$$= 34.746（kg/h）$$

③ 孔板喉部雷诺数 $R_d$ 的计算：已知 $\mu = 18.1 \times 10^{-6} Pa·s$，得

$$R_d = \frac{0.354 W_t}{d\mu} = \frac{0.354 \times 34.746}{10.32 \times 18.1 \times 10^{-6}} = 6.5849 \times 10^4$$

④ 测量排量 $W_h$（$kg/h$）的计算：根据 $R_d$ 查表 5-15，得

$K = 0.59956$

$$W_h = W_t \frac{K}{K_0} = 34.746 \times \frac{0.59956}{0.6007} = 34.68（kg/h）$$

⑤ 在基点状况下的空气密度 $\rho_B$ 的计算：查表 5-17，得

$$\rho_s = 1.205 kg/m^3$$

$$\rho_B = \rho_s p_B / 0.101325 = 1.205 \times \frac{0.54}{0.101325} = 6.4219（kg/m^3）$$

⑥ 在基点状况下流量计处的容积流量 $q_b$（$m^3/min$）的计算：有

$$q_b = \frac{W_h}{60 \rho_B} = \frac{34.68}{60 \times 6.4219} = 0.09（m^3/min）$$

⑦ 安全阀进口温度校正系数 $C$ 的计算：有

$$C = \sqrt{T_V/T_r} = \sqrt{\frac{15.2 + 273}{293}} = 0.9918$$

⑧ 在基准进口温度下被测安全阀的排量 $q_r$（$m^3/min$）的计算：有

$$q_r = q_b C = 0.09 \times 0.9918 = 0.08926（m^3/min）$$

# 6 过程流体机械实验

过程流体机械实验是过程装备与控制工程专业实验的重要组成部分，包括离心泵性能测定与汽蚀性能测定实验、往复式空气压缩机性能测定实验和单转子轴临界转速测定实验等。通过对离心泵、往复式空气压缩机和单转子轴系的参数测量，掌握过程机械性能的测量方法，了解过程机械的工作点对设备效率及安全性能的影响。

## 6.1 离心泵性能测定实验

### 6.1.1 实验目的

① 测定离心泵在恒定转速下的性能，绘制离心泵的扬程-流量（$H$-$q_v$）曲线、轴功率-流量（$N$-$q_v$）曲线及泵效率-流量（$\eta$-$q_v$）曲线。

② 掌握离心泵性能的测量原理及操作方法，巩固离心泵的有关知识。

### 6.1.2 实验内容

在离心泵恒速运转时，由大到小（或由小到大）调节离心泵出口阀，依次改变泵流量，测量各工况下离心泵的进口压力、出口压力、流量、转矩、转速等参数，分别计算离心泵的扬程、功率和效率并绘制离心泵的性能曲线。

### 6.1.3 实验装置

本实验可以分别采用下列实验装置单独完成。

① 过程设备与控制多功能综合实验台（见封四），该装置操作流程见图 F-1，操作台面板见图 F-2。图 6-1 为本实验操作流程，图中"○"表示测量传感器，圈内的字母分别表示：P1——水泵进口压力，P2——水泵出口压力，F1——水泵流量，$M$——转矩，$n$——转速。

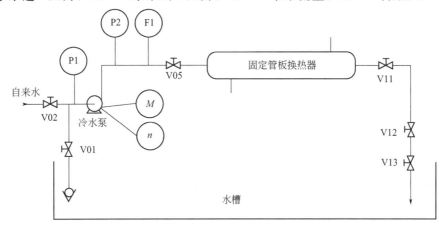

图 6-1 离心泵性能测定实验流程图 Ⅰ

② 过程装备与控制工程专业基本实验综合装置（见封四），该装置操作流程见图 F-4，操作台面板见图 F-5。图 6-2 为本实验操作流程，图中"○"表示测量传感器，圈内的字母分别表示：P1——水泵进口压力，P2——水泵出口压力，FT——流量，L1、L2——液位，LS——液位开关。

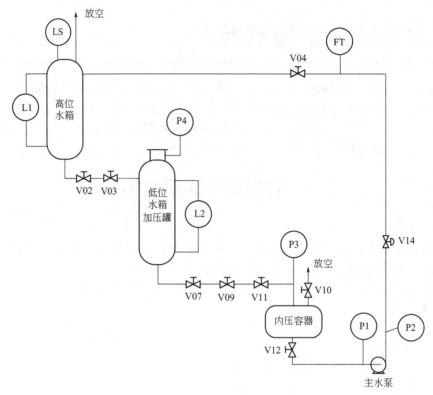

图 6-2　离心泵性能测定实验流程图Ⅱ

### 6.1.4　实验原理

（1）扬程 $H$ 的测定

根据伯努利方程，泵的扬程 $H$ 可由下式计算

$$H = \frac{p_{out} - p_{in}}{g\rho} + \frac{c_{out}^2 - c_{in}^2}{2g} + (Z_{out} - Z_{in}) \tag{6-1}$$

式中　$H$——离心泵扬程，m 水柱；

$p_{in}$——离心泵进口压力（为负值），Pa；

$p_{out}$——离心泵出口压力，Pa；

$c_{in}$——离心泵进口压力测量点处管内水的流速，m/s，$c_{in} = 10^{-3} \times q_v / A_{in}$，流入面积

　　$A_{in} = \frac{\pi}{4} \times d_{in}^2$（$m^2$）；

$c_{out}$——离心泵出口压力测量点处管内水的流速，m/s，$c_{out} = 10^{-3} \times q_v / A_{out}$，流出面

　　积 $A_{out} = \frac{\pi}{4} \times d_{out}^2$（$m^2$）；

$Z_{in}$——离心泵进口压力测量点距泵轴中心线的垂直距离，m；

$Z_{out}$——离心泵出口压力测量点距泵轴中心线的垂直距离，m；

$\rho$——水的密度，$\rho = 1000 kg/m^3$；

$g$——重力加速度，$9.81 m/s^2$。

在本实验装置中，$Z_{out} - Z_{in} = 0$，泵进口压力测量点处管内径 $d_{in} = 32mm$，泵出口压力测量点处管内径 $d_{out} = 25mm$。

（2）功率测定

① 轴功率 $N$

$$N = \frac{Mn}{9554} \quad (\text{kW}) \tag{6-2}$$

式中　$M$——转矩，N·m；

　　　$n$——泵转速，r/min。

② 有效功率 $N_e$

$$N_e = \frac{Hq_v \rho g}{1000} \quad (\text{kW}) \tag{6-3}$$

式中　$q_v$——流量，m³/s。

③ 效率 $\eta$

$$\eta = \frac{N_e}{N} \times 100\% \tag{6-4}$$

④ 比例定律

$$\frac{q_v'}{q_v} = \frac{n'}{n} \tag{6-5}$$

$$\frac{H'}{H} = \left(\frac{n'}{n}\right)^2 \tag{6-6}$$

$$\frac{N'}{N} = \left(\frac{n'}{n}\right)^3 \tag{6-7}$$

式中　　　　$n$——离心泵的额定转速；

　　　　　　$n'$——离心泵的实测转速；

　$q_v$、$H$、$N$——离心泵在额定转速下的流量、扬程和功率；

　$q_v'$、$H'$、$N'$——离心泵在非额定转速下的流量、扬程和功率。

### 6.1.5　实验步骤

#### 6.1.5.1　采用过程设备与控制多功能综合实验台

① 打开阀门 V02、V03、V07、V09、V10、V11、V12，关闭其他所有阀门。

② 灌泵。打开自来水阀门 V02，然后旋开冷水泵排气阀放净空气，待放完泵内空气后将其关闭，保证离心泵中充满水，最后关闭自来水阀门 V02。

③ 开启工控机，进入"过程设备与控制综合实验"程序，单击"实验选择"，进入实验选择界面，选择"离心泵性能测定实验"，进入实际程序界面，单击"清空数据"按钮清空数据库。

④ 将操作台面板上的水泵运行方式开关"m7"旋向"工频"位置，选择工频运转方式，然后按下水泵启动按钮"m11"，冷水泵开始运转。

⑤ 调节冷水泵出口流量调节阀 V13，改变冷水泵流量 $q_v'$，依次从 0.5L/s 到 2.5L/s，每间隔 0.4L/s 记录一次数据，记录数据时要单击"记录"按钮。

⑥ 关闭冷水泵。打开阀门 V13，按下操作台面板上的冷水泵关闭按钮"m10"，冷水泵停止运转。

⑦ 数据处理同 7.1.6 节的步骤⑧到步骤⑩。

#### 6.1.5.2　使用过程装备与控制工程专业基本实验综合装置

① 打开阀门 V02、V03、V07、V08、V10、V12，关闭其余所有阀门。

② 向右扳动控制台面板上的总控开关"n14"，开启控制台。

③ 将流量控制按钮"n3"置于手动位置，顺时针旋转旋钮"n8"，打开电动调节阀 V14。

④ 开启工控机，在桌面上打开"基本实验主程序"，点击"实验选择"按钮，选择"离

心泵性能测定实验",点击"进入"按钮,进入离心泵性能测定实验画面,点击"清空数据库"按钮,清空数据库。

⑤ 向左扳动运行方式选择开关"n13",将水泵运行方式设置为工频运行方式;按下主水泵启动按钮"n10"主水泵开始运转。

⑥ 单击"记录"按钮,记录主水泵出口阀门 V04 全关时（$q_v=0$）的相关数据。

⑦ 逐渐开启主水泵出口阀门 V04 改变流量 $q_v$,使流量从 0.1L/s 到 0.7L/s,每隔 0.1L/s 作为一个工况点,每个工况点确定后,单击"记录"按钮,记录一次数据。

⑧ 所有的工况点测试完毕后,点击"数据处理"按钮,进入"离心泵性能测定数据处理"画面。

⑨ 点击"数据处理"按钮,选择处理数据文件的类型为 1——数据库文件,点击"确定"按钮。输入班级、学号、姓名后,可自动生成离心泵性能曲线和实验数据表。

⑩ 点击"导出数据"按钮,可生成实验数据文本文件,输入文件名、文件类型,按"保存"按钮,保存数据文件。点击"打印"按钮,打印实验数据和离心泵性能曲线。最后点击"退出"按钮,退出实验程序。

### 6.1.6 数据记录和整理

记录泵流量 $q_v$、泵进口压力读数 $p_{in}$ 和泵出口压力读数 $p_{out}$。分别将实验数据和计算结果填入数据表 6-1 和表 6-2 中。实验用离心泵的额定转速为 2900r/min,若实测转速与额定转速不符,应按比例换算式（6-5）将非额定转速下的流量、扬程及功率换算成在额定转速下的流量、扬程及功率填入表 6-3,并依此数据绘制离心泵的性能曲线。

表 6-1　实验测量结果

| 次数 | 项目 | | | | |
|---|---|---|---|---|---|
| | 流量 $q_v'$<br>/(L/s) | 泵进口压力<br>$p_{in}$/MPa | 泵出口压力<br>$p_{out}$/MPa | 转矩<br>$M$/(N·m) | 转速 $n$<br>/(r/min) |
| 1 | | | | | |
| 2 | | | | | |
| 3 | | | | | |
| 4 | | | | | |
| 5 | | | | | |
| 6 | | | | | |
| 7 | | | | | |

表 6-2　实验计算结果

| 次数 | 项目 | | | | |
|---|---|---|---|---|---|
| | 流量 $q_v'$<br>/(L/s) | 扬程 $H'$<br>/m | 轴功率 $N'$<br>/kW | 有效功率 $N_e$<br>/kW | 效率 $\eta$<br>/% |
| 1 | | | | | |
| 2 | | | | | |
| 3 | | | | | |
| 4 | | | | | |
| 5 | | | | | |
| 6 | | | | | |
| 7 | | | | | |

表 6-3    离心泵在额定转速下的实验结果

| 次数 | 项目 | | | |
|---|---|---|---|---|
| | 流量 $q_v$ /(L/s) | 扬程 $H$ /m | 轴功率 $N$ /kW | 效率 $\eta$ /% |
| 1 | | | | |
| 2 | | | | |
| 3 | | | | |
| 4 | | | | |
| 5 | | | | |
| 6 | | | | |
| 7 | | | | |

### 6.1.7    实验报告要求

① 写出实验目的、实验内容、实验步骤。

② 填写实验数据和计算数据表格。

③ 计算各工况下的实验结果，绘制 $H\text{-}q_v$、$N\text{-}q_v$、$\eta\text{-}q_v$ 曲线。

④ 回答思考题。

### 6.1.8    思考题

① 离心泵的性能曲线有何作用？

② 离心泵启动前为什么要引水灌泵？

# 6.2    离心泵汽蚀性能测定实验

### 6.2.1    实验目的

① 测定离心泵的汽蚀性能，绘制离心泵汽蚀性能曲线（$NPSH_r\text{-}q_v$）。

② 掌握离心泵汽蚀性能的测量原理及操作使用方法，巩固离心泵的有关知识。

### 6.2.2    实验内容

离心泵恒速运转，分别在离心泵进水阀处于不同开度时，依次由小到大调节离心泵出口阀门开度，使泵流量由小到大增加，直到离心泵出现临界汽蚀，测量离心泵在不同流量下的进口压力、流量及泵进口温度等参数，绘制离心泵进水阀在不同开度下泵的有效汽蚀余量 $NPSH_a$-流量 $q_v$ 曲线族。将各条曲线上临界汽蚀点连接起来，即为离心泵的汽蚀性能曲线（$NPSH_r\text{-}q_v$）。

测量参数：离心泵进口水温、离心泵进口压力、离心泵出口压力、离心泵出口流量。

### 6.2.3    实验装置

本实验可以分别采用下列实验装置独立完成。

① 过程设备与控制多功能综合实验台（见封四），该装置操作流程见图 F-1，操作台面板见图 F-2，图 6-3（a）为本实验操作流程。

② 阀门流量特性综合实验装置（见封三），该装置操作台见图 F-7，实验操作流程见图 6-3（b）。

### 6.2.4    实验原理

（1）汽蚀现象机理

离心泵运转时，由于叶轮的高速转动提升了液体的流速，使得泵进口处的液体压力下降，到达叶轮进口附近时液体的压力下降到最低点 $p_k$。若 $p_k$ 小于液体温度下的饱和蒸气压

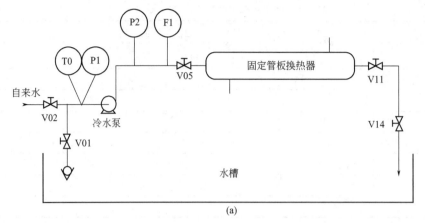

(a)

V01—离心泵进口闸阀；V02—自来水进水阀；V14—离心泵出口调节阀；T0—离心泵进口温度传感器；
P1—离心泵进口压力传感器；P2—离心泵出口压力传感器；F1—涡轮流量传感器

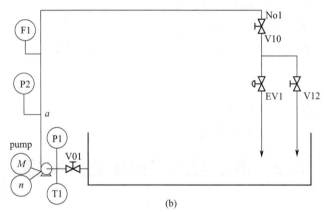

(b)

V01—离心泵进口闸阀；V10—离心泵出口调节阀；T1—离心泵进口温度传感器；P1—离心泵进口压力变送器；
P2—离心泵出口压力变送器；F1—涡轮流量变送器

图 6-3　离心泵汽蚀性能测定实验流程图

$p_v$ 时，液体就会汽化，同时溶解在液体中的气体也随之逸出，形成许多气泡。当气泡随液体流到叶轮流道内高压区域时，气泡就会凝结溃灭形成空穴。空穴周围的液体质点瞬间内以极高的速度冲向空穴，造成液体互相撞击，使该处的局部压力骤然剧增，阻碍了液体的正常流动。如果气泡在叶轮壁面附近溃灭，则液体就会像无数颗弹头一样连续地打击金属表面，其撞击频率高达上千赫兹，金属表面会因冲击疲劳而剥裂。若气泡内夹杂某些活性气体，就会借助气泡凝结放出的热量对金属造成电化学腐蚀。上述两种对金属的破坏现象称为汽蚀。

（2）汽蚀性能参数

① 有效汽蚀余量 $NPSH_a$。指吸入液面上的压力水头在克服泵进口管路的流动阻力并把水提升到泵轴线高度后所剩余的超过液体汽化压力 $p_v$ 的能量，即

$$NPSH_a = \frac{p_s}{\rho g} + \frac{c_s^2}{2g} - \frac{p_v}{\rho g} \quad (\text{m}) \tag{6-8}$$

式中　$p_s$——液流在泵入口的压力，Pa；

　　　$p_v$——液流在泵入口温度下的汽化压力，Pa；

　　　$c_s$——液流在泵入口处的速度，m/s。

$NPSH_a$ 的大小与泵的安装高度、吸入管路阻力损失、液体的性质和温度等有关，与泵

本身的结构尺寸等无关，故称为泵吸入装置的有效汽蚀余量。

② 泵必需的汽蚀余量 $NPSH_r$。泵内压力最低点位于叶轮流道内紧靠叶片进口边缘处，低于泵吸入口的压力，二者之间的总压降就称为必需的汽蚀余量。$NPSH_r$ 值取决于泵吸入室和叶轮进口处的几何形状，与吸入管路无关。泵的 $NPSH_r$ 值越小，该泵防汽蚀的性能越好，泵越不易发生汽蚀。$NPSH_r$ 通常由泵制造厂通过试验测出。

③ 临界汽蚀余量 $NPSH_c$。当泵的 $NPSH_a$ 降低到使泵内压力最低点的液体压力等于该温度下的汽化压力时，液体开始汽化。此时的 $NPSH_a$ 就是使泵不发生汽蚀的临界值，称为临界汽蚀余量，即

$$NPSH_a = NPSH_r = NPSH_c \qquad (6\text{-}9)$$

当 $NPSH_a > NPSH_r$ 时，泵内不发生汽蚀；而当 $NPSH_a \leqslant NPSH_r$ 时，泵内将发生汽蚀。通过汽蚀试验确定的就是汽蚀余量的临界值。

### 6.2.5 实验步骤

#### 6.2.5.1 采用过程装备与控制的功能综合实验台

① 打开阀 V05、V11、V12、V13，逆时针转动闸阀 V01 手轮使其打开，逆时针转动流量调节按钮"m9"将其旋到底使其流量最小，然后关闭其他所有阀门。

② 灌泵。打开自来水阀门 V02，然后旋开冷水泵排气阀放净空气，待放完泵内空气后将其关闭，保证离心泵中充满水，最后关闭自来水阀门 V02。

③ 开启工控机，进入"过程设备与控制综合实验"程序，单元"实验选择"，进入实验选择界面，选择"离心泵汽蚀性能测定实验"，进入离心泵汽蚀性能测定实验界面，单元"清空数据"按钮清空数据库。

④ 将操作台面板上的水泵运行方式开关"m7"旋向"工频"，选择工频运转方式，然后按下水泵启动按钮"m11"，冷水泵开始运转，关闭阀 V12，V13。

⑤ 逆时针转动闸阀 V01 到底，使其开度最大，再顺时针旋转手轮两圈，将流量控制按钮"m9"顺时针旋至最大，再单击"记录"按钮，观察实时曲线，直到水泵出现汽蚀现象时，点击"停止"按钮，记录临界汽蚀点的实验数据（包括：水泵进口温度 $T_0$，水泵进口压力 $p_1$，水泵流量 $q_v$）。

注：水泵临界汽蚀点的确定，当出现汽蚀现象时，水泵会发生振动，实验数据剧烈跳动，表现为实时曲线发生陡降，陡降点即为临界汽蚀点。

⑥ 逆时针转动流量调节按钮"m9"将电动调节阀门关小，排出管路内的气体后，逆时针旋转"m9"到底关闭电动调节阀。顺时针转动闸阀 V01 手轮 1 圈，减小水泵进口流量，重复实验步骤⑤。

⑦ 重复实验步骤⑥，直至不发生汽蚀。

⑧ 关闭冷水泵。打开阀门 V12、V13，按下水泵关闭按钮"m10"，冷水泵停止运转。

#### 6.2.5.2 采用阀门流量特性综合实验装置

① 打开阀 V10，逆时针转动闸阀 V10 手轮使其打开，逆时针转动流量调节按钮"m8"将其旋到底使其流量最小，然后关闭其他所有阀门。

② 开启工控机，启动实验程序，进入"离心泵的汽蚀性能测定实验"画面后，清空数据库。

③ 将操作台面板上的离心泵运行方式开关"m11"旋向"工频"，选择工频运转方式，然后按下水泵启动按钮"m9"，冷水泵开始运转。

④ 逆时针转动闸阀 V01 到底使其开度最大，再顺时针旋转手轮两圈，将流量调节按钮"m8"顺时针旋至最大，再单击"记录"按钮，观察实时曲线，直到水泵出现汽蚀现象时，点击"停止"按钮，记录临界汽蚀点的实验数据（包括：水泵进口温度 $T_1$，水泵进口压力 $p_1$，水泵流量 $q_v$）（注：离心泵汽蚀点确定方法与 6.2.5.1 中相同）。

⑤ 逆时针转动流量调节按钮"m8"将电动阀门关小，排出管路内的气体后，逆时针旋转"m8"到底关闭电动阀。顺时针转动闸阀 V01 手轮 1 圈，减小水泵进口流量，重复实验步骤④。

⑥ 重复实验步骤⑤，直至不发生汽蚀。

⑦ 关闭离心泵：打开阀门 V01、V10，按下离心泵关闭按钮"m10"，离心泵停止运转。

### 6.2.6 数据记录和整理

① 在离心泵进水阀 V01 处于不同开度时，将离心泵在不同流量下的进口压力、流量及泵进口温度等测量参数填入表 6-4。

**表 6-4 离心泵汽蚀性能实验记录数据**

| 泵进口阀门状态 | 测量参数 | 实验数据 |
|---|---|---|
| 泵进水阀 V01 开度 1 | 泵流量 $q_v$/(L/s) | |
| | 泵进口压力 $p_s$/MPa | |
| | 泵进口温度 $T_0$/℃ | |
| 泵进水阀 V01 开度 2 | 泵流量 $q_v$/(L/s) | |
| | 泵进口压力 $p_s$/MPa | |
| | 泵进口温度 $T_0$/℃ | |
| 泵进水阀 V01 开度 3 | 泵流量 $q_v$/(L/s) | |
| | 泵进口压力 $p_s$/MPa | |
| | 泵进口温度 $T_0$/℃ | |
| 泵进水阀 V01 开度 4 | 泵流量 $q_v$/(L/s) | |
| | 泵进口压力 $p_s$/MPa | |
| | 泵进口温度 $T_0$/℃ | |
| 泵进水阀 V01 开度 5 | 泵流量 $q_v$/(L/s) | |
| | 泵进口压力 $p_s$/MPa | |
| | 泵进口温度 $T_0$/℃ | |
| 泵进水阀 V01 开度 6 | 泵流量 $q_v$/(L/s) | |
| | 泵进口压力 $p_s$/MPa | |
| | 泵进口温度 $T_0$/℃ | |

② 计算在离心泵进水阀 V01 处于不同开度时泵必需的汽蚀余量 $NPSH_r$，填入表 6-5。由于在临界汽蚀点处，$NPSH_a$、$NPSH_r$ 和 $NPSH_c$ 三者相等，故可用式（6-8）来计算 $NPSH_r$，其中泵入口流速 $c_s$ 由泵流量除以泵入口管截面积得到。

**表 6-5 离心泵汽蚀性能实验结果数据**

| 次数 | 项目 | | | | | |
|---|---|---|---|---|---|---|
| | 1 | 2 | 3 | 4 | 5 | 6 |
| 泵流量 $q_v$/(L/s) | | | | | | |
| 泵必需的汽蚀余量 $NPSH_r$/m | | | | | | |

### 6.2.7 实验报告要求

① 写出实验目的、实验内容、实验步骤。

② 填写实验数据和计算数据表格。

③ 绘制离心泵汽蚀性能曲线（$NPSH_r$-$q_v$）图。

④ 回答思考题。

114

### 6.2.8 思考题

① 为什么在离心泵临界汽蚀点处，$NPSH_a$ 和 $NPSH_r$ 相等？

② 从汽蚀性能曲线（$NPSH_r$-$q_v$）图上看，离心泵运转工况在曲线左边是不会出现汽蚀的，而在曲线右边时就会出现汽蚀，为什么？

# 6.3 往复式空气压缩机性能测定实验

### 6.3.1 实验目的

① 测量空气压缩机的性能参数，绘制空气压缩机的排气量-压力比（$q_v$-$\varepsilon$）、轴功率-压力比（$N_z$-$\varepsilon$）、效率-压力比（$\eta_{ad}$-$\varepsilon$）性能曲线。

② 绘制空气压缩机闭式示功图（$p$-$V$ 图）。

### 6.3.2 实验内容

① 通过调节储气罐出口阀门的开度，调节压缩机的排气压力（即改变压力比 $\varepsilon$），测定在不同压力比 $\varepsilon$ 下的排气量 $q_v$、电机功率 $N_e$，计算出相应压力比下的排气量、轴功率和绝热效率 $\eta_{ad}$，绘制空气压缩机的排气量-压力比（$q_v$-$\varepsilon$）、轴功率-压力比（$N_z$-$\varepsilon$）、效率-压力比（$\eta_{ad}$-$\varepsilon$）性能曲线。

② 绘制压缩机的示功图（封闭图形）。

### 6.3.3 实验设备

往复式空气压缩机性能测定实验装置如图 6-4 所示。

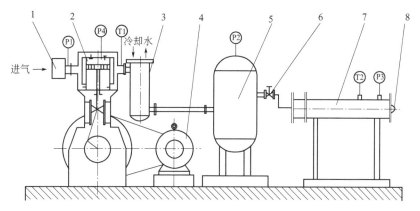

图 6-4　往复式空气压缩机性能测定实验装置简图

1—吸气阀；2—压缩机；3—冷却器；4—电动机；5—储气罐；6—出口调节阀；7—压缩机排气量测量装置；
8—喷嘴；P1—压缩机吸入压力；P2—压缩机排气压力；P3—喷嘴前后差压；P4—压缩机气缸压力；
T1—压缩机排气温度；T2—喷嘴前温度

### 6.3.4 实验原理

（1）实测排气量计算

$$q_v = 1129Cd_0^2 \frac{T_{x1}}{p_1} \sqrt{\frac{\Delta p\, p_0}{T_1}} \tag{6-10}$$

式中　$d_0$——喷嘴直径，本实验用喷嘴 $d_0 = 0.00952$m；

　　　$C$——喷嘴系数，所用喷嘴系数见表 6-6，喷嘴系数用图 6-5 查出；

　　　$T_{x1}$——吸气温度，K；

　　　$p_1$——吸气压力，Pa；

$T_1$——喷嘴前温度，K；

$p_0$——实验现场大气压，Pa；

$\Delta p$——喷嘴前后压差，Pa，$1\text{mmH}_2\text{O}=9.807\text{Pa}$；

$q_v$——排气量，$\text{m}^3/\text{min}$。

表 6-6　喷嘴系数表

| 特性线 | 喷嘴直径/mm | | | | | | | | | | | | | |
| --- | --- | --- | --- | --- | --- | --- | --- | --- | --- | --- | --- | --- | --- | --- |
|  | 3.18 | 4.76 | 6.35 | 9.52 | 12.70 | 19.05 | 25.40 | 34.92 | 50.80 | 63.50 | 76.20 | 101.60 | 127.00 | 152.40 |
| A | 0.938 | 0.946 | 0.951 | 0.957 | 0.963 | 0.968 | 0.973 | 0.977 | 0.982 | 0.984 | 0.986 | 0.990 | 0.993 | 0.994 |
| B | 0.942 | 0.948 | 0.955 | 0.960 | 0.965 | 0.971 | 0.975 | 0.979 | 0.984 | 0.987 | 0.989 | 0.992 | 0.994 |  |
| C | 0.944 | 0.952 | 0.959 | 0.964 | 0.968 | 0.974 | 0.978 | 0.981 | 0.986 | 0.990 | 0.991 | 0.994 |  |  |
| D | 0.947 | 0.954 | 0.961 | 0.966 | 0.970 | 0.976 | 0.980 | 0.983 | 0.988 | 0.991 | 0.993 |  |  |  |
| E | 0.950 | 0.957 | 0.963 | 0.968 | 0.972 | 0.977 | 0.982 | 0.985 | 0.990 | 0.992 | 0.994 |  |  |  |
| F | 0.953 | 0.958 | 0.964 | 0.969 | 0.973 | 0.978 | 0.983 | 0.986 | 0.991 | 0.993 |  |  |  |  |
| G | 0.956 | 0.960 | 0.966 | 0.970 | 0.974 | 0.979 | 0.984 | 0.988 | 0.992 | 0.994 |  |  |  | 0.995 |
| H | 0.958 | 0.962 | 0.967 | 0.972 | 0.976 | 0.980 | 0.985 |  | 0.993 |  |  |  | 0.995 |  |
| I | 0.959 | 0.964 | 0.968 | 0.974 | 0.978 | 0.982 | 0.986 | 0.989 |  |  |  | 0.995 |  |  |
| J | 0.960 | 0.965 | 0.970 | 0.975 | 0.979 | 0.983 | 0.987 | 0.990 | 0.994 |  |  |  |  |  |
| K | 0.961 | 0.966 | 0.971 | 0.976 | 0.980 | 0.984 | 0.988 | 0.991 |  | 0.995 |  |  |  |  |
| L | 0.962 | 0.967 | 0.972 | 0.977 | 0.981 | 0.985 | 0.989 | 0.992 |  |  |  |  |  |  |
| M | 0.963 | 0.968 | 0.973 | 0.978 | 0.982 | 0.986 | 0.990 | 0.993 | 0.995 |  |  |  |  |  |
| N | 0.964 | 0.969 | 0.974 | 0.979 | 0.983 | 0.987 | 0.991 | 0.994 |  |  |  |  |  |  |

（2）电机输出功率的计算

$$N_e = \sqrt{3}UI\cos\varphi\,\eta/1000 \quad (\text{kW}) \tag{6-11}$$

式中　$U$——电压，V；

$I$——电流，A；

$\cos\varphi$——功率因数，$\cos\varphi = 0.88$；

$\eta$——电机效率，$\eta = 0.882$。

（3）轴功率 $N_z$ 的计算

$$N_z = N_e\eta_c \tag{6-12}$$

式中　$\eta_c$——皮带效率，$\eta_c = 0.97$。

（4）理论绝热功率 $N_{ad}$ 的计算

$$N_{ad} = G_1 R_1 T_{x1} \frac{k}{k-1}\left[\left(\frac{p_2}{p_1}\right)^{\frac{k-1}{k}} - 1\right] \times \frac{1}{60} \quad (\text{kW}) \tag{6-13}$$

$$R_1 = \frac{0.28698}{1 - 0.378\varphi_1 \dfrac{p_{s1}}{p_1}} \tag{6-14}$$

式中　$R_1$——吸气状态下的气体常数，$\text{kJ}/(\text{kg}\cdot\text{K})$；

$p_{s1}$——吸气温度下的饱和蒸气压，Pa；

$p_1$——吸气压力，Pa；

$\varphi_1$——相对湿度；

$T_{x1}$——吸气温度，K；

$p_2$——排气压力，Pa；

$k$——气体绝热指数，空气 $k=1.4$；

$G_1$——压缩空气的质量流量，kg/min。

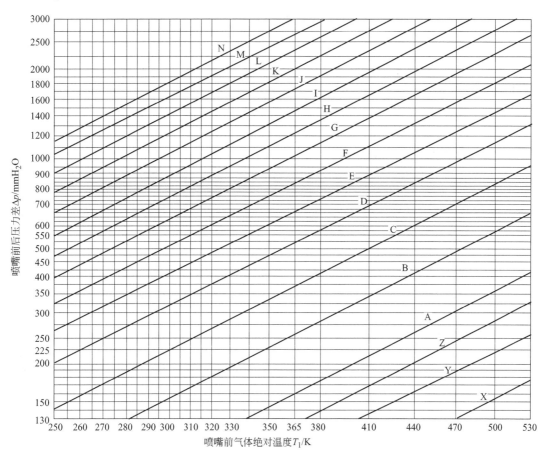

图 6-5　喷嘴系数图线

$$G_1 = q_v \rho_a + G_s \tag{6-15}$$

$$G_s = \frac{1-\lambda_\varphi}{\lambda_\varphi p_{s1}} \rho_{s1} p_1 q_v \tag{6-16}$$

$$\lambda_\varphi = \frac{p_1 - \varphi_1 p_{s1}}{p_2 - p_{s2}} \times \frac{p_2}{p_1} \tag{6-17}$$

式中　$\rho_a$——吸气状态下的空气密度，kg/m³；

$G_s$——冷凝水量，kg/min。

$\rho_{s1}$——吸气状态下的饱和水蒸气密度，kg/m³；

$q_v$——排气量，m³/min；

$\lambda_\varphi$——凝析系数。

$\varphi_1$——吸入空气的相对湿度；

$p_{s1}$——吸气温度下的饱和蒸气压，Pa；

$p_{s2}$——喷嘴前温度下的饱和蒸气压，Pa。

（5）压缩机效率（绝热轴效率）

$$\eta_{ad} = \frac{N_{ad}}{N_z} \tag{6-18}$$

式中　$N_{ad}$——理论绝热功率，kW；

　　　$N_z$——轴功率，kW；

　　　$\eta_{ad}$——压缩机等熵轴效率。

### 6.3.5　实验步骤

① 启动工控机，运行"压缩机试验"程序，点击"试验"按钮进入试验条件输入画面，输入实验现场数据如：室温 $t_1$（℃）、大气压力 $p_0$（mbar，1bar＝1000mbar＝1.02×$10^5$Pa）、相对湿度 $\varphi_1$（％）。点击"确认"按钮进入实验界面。

② 启动压缩机。盘车：用手转动皮带轮一周以上。将储气罐出口调节阀完全打开。顺时针转动电气控制箱上的"电源开关"，"电源指示"灯亮。打开冷却水阀门，电气控制箱上的"安全指示"灯亮。按下绿色"启动电机"按钮，启动压缩机，"运转指示"灯亮。

③ 点击实验界面上的"清空数据"按钮。

④ 调节储气罐出口阀门，改变排气压力 $p_2$，依次从 0.1MPa 到 0.5MPa，每间隔 0.1MPa 记录一次实验数据，每次记录数据前需等待系统稳定后，再单击"记录"按钮。实验中，如发现有不正常现象要及时停车。

⑤ 停车。按下红色"关闭电机"按钮，关闭压缩机；逆时针转动电气控制箱上的"电源开关"，"电源指示"灯灭。关闭冷却水阀门。储罐内压缩空气自然放空（注意：此时不得转动储气罐出口调节阀）。

### 6.3.6　数据记录和整理

① 记录在不同压力比 $\varepsilon$ 下，往复式空气压缩机的吸气压力 $p_1$、排气压力 $p_2$、吸气温度 $T_x$、喷嘴前温度 $T_2$、喷嘴前后压差 $p_3$ 和电机电压 $U$ 及电机电流 $I$，并将实验数据填入表 6-7 中。

② 按表 6-8 中计算公式计算各项数据并将结果填入该表。

③ 用坐标纸绘制压缩机性能曲线：横坐标为压力比 $\varepsilon$，纵坐标分别为排气量 $q_v$、轴功率 $N_z$、绝热轴效率 $\eta_{ad}$。

### 6.3.7　实验报告要求

① 写出实验目的、实验内容、实验步骤。

② 填写实验数据和计算数据表格。

③ 计算各工况下的实验结果，填写表 6-7 和表 6-8。

④ 绘制往复式空气压缩机的排气量-压力比（$q_v$-$\varepsilon$）、轴功率-压力比（$N_z$-$\varepsilon$）、效率-压力比（$\eta_{ad}$-$\varepsilon$）性能曲线。

⑤ 分析压缩机性能曲线，找出最佳压力比范围。

⑥ 回答思考题。

**表 6-7　实验数据记录表**

| 序号 | 吸气压力 $p_1$ /kPa | 排气压力 $p_2$ /MPa | 吸气温度 $T_x$ /℃ | 喷嘴前温度 $T_2$ /℃ | 喷嘴前后压差 $\Delta p$/kPa | 电压/V | 电流/A |
|---|---|---|---|---|---|---|---|
| 1 | | | | | | | |
| 2 | | | | | | | |
| 3 | | | | | | | |
| 4 | | | | | | | |
| 5 | | | | | | | |

表 6-8　实验数据整理表

| 名　　称 | 符号 | 公式 | 单位 | 测量点数据 | | | | | |
|---|---|---|---|---|---|---|---|---|---|
| 吸气压力 | $p_1$ | 绝压－大气压 | Pa | | | | | | |
| 排气压力 | $p_2$ | 绝压 | Pa | | | | | | |
| 名义压力比 | $\varepsilon$ | $p_2/p_1$ | — | | | | | | |
| 喷嘴前后压力差 | $\Delta p$ | — | Pa | | | | | | |
| 喷嘴前温度 | $T_2$ | $t(℃)+273$ | K | | | | | | |
| 吸气温度 | $T_{x1}$ | $t(℃)+273$ | K | | | | | | |
| 实测排气量 | $q_v$ | $1129Cd_0^2\dfrac{T_{x1}}{P_1}\sqrt{\dfrac{\Delta p p_0}{T_2}}$ | m³/min | | | | | | |
| 电压 | $U$ | — | V | | | | | | |
| 电流 | $I$ | — | A | | | | | | |
| 电机输出功率 | $N_e$ | $3IU\cos\varphi\eta$ | kW | | | | | | |
| 压缩机轴功率 | $N_z$ | $N_e\eta_c(\eta_c=0.97)$ | kW | | | | | | |
| 喷嘴前温度下饱和水蒸气压力 | $p_{s2}$ | 查参考文献[14] | Pa | | | | | | |
| 吸气温度下饱和水蒸气压力 | $p_{s1}$ | 查参考文献[14] | Pa | | | | | | |
| 凝析系数 | $\lambda_\varphi$ | $\dfrac{p_1-\varphi_1 p_{s1}}{p_2-p_{s2}}\times\dfrac{p_2}{p_1}$ | — | | | | | | |
| 冷凝水量 | $G_s$ | $\dfrac{1-\lambda_\varphi}{\lambda_\varphi\times p_{s1}}\times\rho_{s1}\times p_1\times q_v$ | kg/min | | | | | | |
| 进口气体质量流量 | $G_1$ | $Q_0\rho_a+G_s$ | kg/min | | | | | | |
| 吸气状态下气体密度 | $\rho_a$ | 查参考文献[14] | kg/m³ | | | | | | |
| 等熵功率 | $N_{ad}$ | $G_1 R_1 T_{x1}\dfrac{k}{k-1}\left[\left(\dfrac{p_2}{p_1}\right)^{\frac{k-1}{k}}-1\right]\times\dfrac{n}{60}$ | kW | | | | | | |
| 压缩机效率 | $\eta_{ad}$ | 即绝热轴效率 $N_{ad}/N_z$ | — | | | | | | |

### 6.3.8　思考题

① 压缩机的排气压力是怎样形成的？

② 喷嘴法测量排气量的基本原理是什么？

③ 通过观察绘制出的往复式空气压缩机性能曲线图，分析该压缩机的最佳操作压力比范围。

④ $N_z$ 与 $N_{ad}$ 之间的差异反映了压缩机的什么损失？

# 6.4　往复式压缩机气阀故障诊断实验

### 6.4.1　实验目的

① 学习安装气阀组件和气阀测试系统的硬件连接，体会传感器的安装位置、安装形式、分析测试系统中测点的布置及传感器的安装对测试结果的影响。

② 学习使用信号采集软件 DAQ，分析如何选择采样频率、采集时间，了解认识信号的

传递及转换过程。

③ 理解小波变换处理信号的原理，使用气阀故障诊断软件将采集的数据进行分析处理，最终得出信号的能量特征向量图，分析各故障信号对应的能量特征向量与正常信号对应的能量特征向量的关系，简要说明能量特征向量变化的原因。

### 6.4.2 实验内容

首先选择正常气阀进行实验，然后依次选择更换不同故障类型的阀片和弹簧，故障类型有内弹簧断裂、外弹簧断裂、内阀片断裂、外阀片断裂、内外阀片均断裂、外阀片断裂成两段等。安装好组装的故障气阀和测试系统，启动压缩机进行测量，用采集软件 DAQ 采集数据，并将数据转换为 TXT 格式，最后用气阀故障诊断系统对采集的数据进行分析处理，得出能量特征向量值。将不同故障类型信号的能量特征向量值绘制成表格，分析比较，说明原因，分析出导致故障的原因和应改进的措施。

### 6.4.3 实验装置

（1）压缩机

① 型号。Wz-1.5/5-A，立式单缸双作用无油润滑压缩机。

② 压缩机性能参数。气缸直径，$D=150\mathrm{mm}$；活塞行程，$S=100\mathrm{mm}$；排气量，$Q=1.5\mathrm{m}^3/\mathrm{min}$；轴功率，$N_z=10.5\mathrm{kW}$（额定）；转速，$n=0\sim750\mathrm{r/min}$；额定排气压力，$p=0.5\mathrm{MPa}$；活塞杆直径，$d=30\mathrm{mm}$；工作介质，空气。

（2）气阀配件

断裂的内弹簧，断裂的外弹簧，断裂的内阀片，断裂的外阀片，断裂成两段的外阀片，带有正常组件的气阀一个，型号为 KD1002LC 压电式振动传感器一个，低噪声信号传输线一根，WS-5921/U60104-ICP4 型号的数据采集仪一台，带有信号屏蔽的 USB 传输线一条，工控机。图 6-6 为测试系统硬件连接图。

### 6.4.4 实验原理

（1）信号测试原理

气阀阀座振动信号的变化能较全面地反映出气阀出现的各种故障类型。阀座振源多，主要有压缩机自身振动、气缸内周期的脉动循环空气压力、阀片对阀座和升程限制器的高频撞击。如果振动信号的频率超过 1000Hz，可测量振动信号的加速度。

本实验要测量的振动信号含阀片撞击的高频振动信号，选择加速度作为阀座加速度信号的测量参数。实验用的振动测量传感器为压电式加速度传

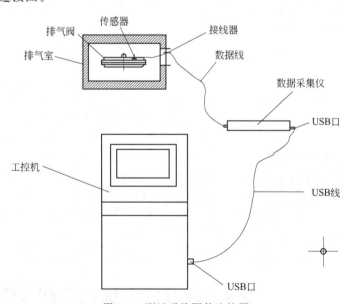

图 6-6　测试系统硬件连接图

感器，型号为 KD1002LC，灵敏度为 $2\mathrm{mV/ms}^{-2}$，该传感器频响宽，动态范围大，可靠性高，使用方便，非常适用于阀座振动信号的测量。传感器的安装位置应满足所测点对于信号变化的灵敏度最高，因此把传感器安装在阀座两圈排气孔的中间，根据材料力学原理，该点的振动幅度最高。传感器与阀座的安装采用钢质螺栓，保证了连接的刚度，不会使信号失

真。在采样时选择采样频率为 80kHz，采样时间为 0.4s（根据采样定理，采样频率至少应是实际信号频率的 2.56 倍，压缩机的工作周期为 0.08s），这样采集的数据为压缩机工作的 5 个周期。

（2）信号的传输转换过程

当压缩机工作阀座开始振动时，传感器中的质量块随之开始振动，质量块下面的晶体受振后由于压电效应会在晶体表面产生与振动加速度成正比的电荷量，电荷量经低噪声传输线送到信号采集仪，电荷模拟信号首先经过模拟放大，转为电压信号，数据采集仪根据选择的采样频率和采集时间对电荷模拟信号进行 A/D 转换，转为数字信号，并保存在数据缓存区中，再经USB 线将用于分析的数字信号上传到上位机。图 6-7 表明了信号的传输转换过程。

（3）信号的小波包分解原理及能量特征值的提取原理

见 2.5.2.2 节和 2.5.2.3 节。

### 6.4.5  实验步骤

（1）气阀的安装

选择正常气阀，进行拆装，分析里面的结构，判断气阀类型是吸气阀还是排气阀。注意在拆装气阀时应严格细致，保证阀座和升程限制器无间隙，阀片弹簧位置正确。

（2）启动实验程序

启动工控机，运行"压缩机故障诊断实验程序"，点击"实验"按钮，输入实验条件，点击"确认"按钮。

（3）启动压缩机

① 盘车：用手转动皮带轮一周以上。

② 完全打开储气罐出口调节阀。

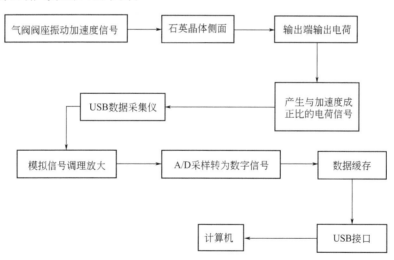

图 6-7  信号传输转换图

③ 顺时针转动电气控制箱上的"电源"开关，电源指示灯亮。

④ 打开冷却水阀门，电气控制箱上的"安全"指示灯亮。

⑤ 按下"启动电机"按钮，启动压缩机，运转指示灯亮。

⑥ 调节排气阀，使储气罐压力在 3MPa 左右。

（4）启动数据采集软件开始数据采集

① 双击数据采集图标"DAQ"。

② 点击"高速采集"。

③ 在采集过程中会观察到采集过来的信号不稳定，信号图像在零线上下浮动，这是正常现象，因为检测的信号是电荷，传感器中的电路需要充足的时间来释放电荷，采集时需要等信号稳定时再开始采集。另外不要在信号没稳定时进行清零操作，如果信号没稳定就清零会使信号始终处于漂移状态，需点击取消清零才能使信号恢复正常。实验采集数据时可以进行采集清零操作，等到信号稳定时直接采集数据。

④ "信号采集"中设置采集时间为 0.4s，采样频率为 80000Hz，设置好存储的位置直接点击开始采集。

（5）数据转换

信号采集过来的数据格式为 AD 格式，诊断软件需要的数据格式为 TXT 格式。点击数据转换，先将 AD 格式数据转换为 EXCEL 格式，这样可使数据为一列形式，再将 EXCEL 格式数据复制到桌面文本文档中，去掉无用的文字部分转为 TXT 格式。最终再将数据保存在故障诊断软件的工作空间文件采集数据中。

（6）气阀故障诊断

打开气阀故障诊断软件，选择采集来的数据，先进行采集数据的时域分析，点击"下一步"，进行小波分析，先进行"八层小波包分解"，观察八个子频带对应的时域图，再进行"能量特征值提取"，观察八个子频带对应的能量特征向量，简要分析各频带能量值的变化特点，讨论分析故障原因，最后进行"判断故障类型"，将讨论的结果与故障诊断报告比较，学会分析故障原因和改进措施。

（7）故障气阀的实验

选择一个故障类型气阀，重复上述操作。

## 6.4.6　数据整理与记录

记录每个信号分析后的能量特征值，方法是在弹出的 Matlab 命令窗口中输入 $T$，点击回车，将数据记录在下面的表格中，并将最终分析得出的能量特征向量图整理出来。

## 6.4.7　实验报告要求

① 写出实验目的、实验原理、实验步骤，填写实验数据表 6-9，将不同故障对应的故障能量特征向量图贴在实验报告中。

表 6-9　信号能量特征向量值表

| 故障 | $T$ | | | | | | | |
| --- | --- | --- | --- | --- | --- | --- | --- | --- |
| | $S_{30}$ | $S_{31}$ | $S_{32}$ | $S_{33}$ | $S_{34}$ | $S_{35}$ | $S_{36}$ | $S_{37}$ |
| 正常 | | | | | | | | |
| 内弹簧断裂 | | | | | | | | |
| 外弹簧断裂 | | | | | | | | |
| 内阀片断裂 | | | | | | | | |
| 外阀片断裂 | | | | | | | | |
| 内外阀片断裂 | | | | | | | | |
| 外阀片断裂成两段 | | | | | | | | |

② 比较故障气阀能量特征向量值与正常气阀能量特征向量值的区别。

③ 根据比较差异分析出具体故障类型。

④ 分析出导致气阀故障的原因，列举出解决故障的措施。

⑤ 回答思考题。

### 6.4.8 思考题

① 运行压缩机采集信号为什么要等上一段时间后再去采集，如果提前采集对结果产生什么影响？

② 实验时都有哪些工况因素会影响实验结果，为什么会影响实验结果，应怎样避免振动信号的噪声？

③ 一般的机械故障诊断步骤应包含哪些，各步骤中应该注意什么关键问题？

# 6.5　单转子轴临界转速测定实验

### 6.5.1　实验目的

① 观察单转子轴的振动、测定单转子轴的临界转速。

② 验证回转效应对临界转速的影响。

### 6.5.2　实验内容

将转子安装在转轴两支撑点的中间位置，测量轴系在无回转效应时的临界转速。在转轴两支撑点间距不变的情况下，移动转子至距离支撑点 1/3 支点位置，测量轴系存在回转效应时的临界转速。

### 6.5.3　实验装置

多功能转子台试验台如图 6-8 所示。

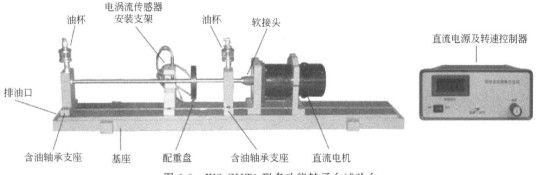

图 6-8　WS-ZHT1 型多功能转子台试验台

### 6.5.4　实验原理

在回转设备中转轴在运转时，由于质量偏心距 $e$ 所产生的离心惯性力的作用，使转轴发生振动，随着转速增加，振动逐渐增大，当到达某个特定转速附近时，会出现剧烈的振动，越过该转速后，轴的运转又趋于平稳。这种现象是由于共振引起的，亦即转轴的转速与回转轴系的固有频率重合时产生剧烈振动，此时转子轴的转速称为转轴的临界转速。

轴系临界转速数值的大小和很多因素有关，不仅与轴的直径、长度、转子的质量、支座的弹性等因素有关，而且与转子在轴上的位置有关。当转子不在轴中央时，转子圆盘的回转轴线在空间描绘出一个圆锥面，如图 6-9 所示，其自身平面将不断偏转，这时作用在轴系上的惯性力除离心力外还有回转力矩，回转力矩对轴系临界转速的影响称为回转效应。

转子通常分为两种，如果转子的 $J_p$（极转动惯量）大于 $J_d$（直径转动惯量），称为窄转子；反之称为宽转子。对于窄转子，回转力矩的作用使回转轴线的倾角减小，增加了轴系的刚度，从而提高了轴的临界转速。

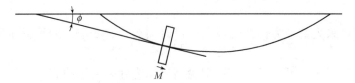

图 6-9　存在回转效应时转子的轴线

工程上为了使机器平衡运转，轴的工作转速必须在各阶临界转速以外。即对刚性轴：$n < 0.75 n_k$，对挠性轴：$n > 1.3 n_k$。

单转子轴的临界转速的计算公式如下。

（1）转子置于简支轴中央（无回转效应，如图 6-10 所示）

$$n_k = \frac{30}{\pi} \sqrt{\frac{48EJ}{ml^3}} \quad (\text{r/min}) \tag{6-19}$$

式中　　$E$——轴材料的弹性模量，$E = 2.0 \times 10^6 \text{ kgf/cm}^2$；

$J$——轴的截面惯性矩，$\text{cm}^4$，$J = \frac{\pi d^4}{64}$（实验装置上 $d = 10\text{mm}$）；

$m$——转子质量，$\text{kg} \cdot \text{s}^2/\text{cm}$，$m = \frac{G}{g}$（实验装置上 $G = 0.559\text{kg}$）；

$l$——轴的长度（两轴承支点间的距离），$\text{cm}$。

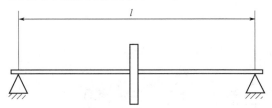

图 6-10　无回转效应时转子安装位置图

（2）转子不在简支轴中央（有回转效应，如图 6-11 所示）

$$n_k = \frac{30}{\pi} \sqrt{\frac{B \pm \sqrt{B^2 + 4A}}{2A}} \quad (\text{r/min}) \tag{6-20}$$

$$A = \frac{m^2 R^2}{4}(\alpha_{11} \gamma_{11} - \beta_{11}^2), \quad B = \frac{m R^2 \gamma_{11}}{4} - m\alpha_{11}$$

$$\alpha_{11} = \frac{a^2 b^2}{3EJl}, \quad \beta_{11} = \frac{ab(b-a)}{3EJl}, \quad \gamma_{11} = \frac{a^3 + b^3}{3EJl^2}$$

式中　　　　　　　　$R$——转子半径，$R = 39\text{mm}$；

$A$，$B$，$\alpha_{11}$，$\beta_{11}$，$\gamma_{11}$——计算系数。

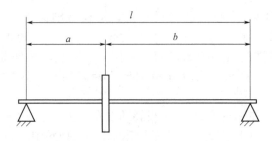

图 6-11　有回转效应时转子安装位置图

#### 6.5.5 实验步骤

（1）无回转效应时单转子轴临界转速的测定

① 测量简支轴两支点间的距离 $l$（cm）。

② 将转子移动到简支轴两支点的中间位置（$a=b$）。

③ 将转子实验台的转速控制器的转速调节旋钮逆时针旋转到底，打开转速控制器的电源开关，按暂停/运行按钮，使其处于按下状态。

④ 打开多路信号转换器的电源开关。

⑤ 启动计算机，进入"Vib'ROT"单转子轴临界转速测定实验界面，点击"实验3.3FFT 频谱分析"按钮，单击"开始示波"按钮。

⑥ 顺时针转动转子实验台转速控制器上的"调速"旋钮，使转子轴转速增加至 500r/min 左右，此时可在实验界面上的"振幅-时间"图中看到转子轴的振动曲线。

⑦ 点击"开始采集"按钮，然后继续顺时针转动"调速"旋钮，缓慢增加转子轴的转速，直到转子轴发生共振并超过共振点，转子转动平稳后，点击"停止采集"按钮。快速逆时针转动转子实验台转速控制器上的"调速"旋钮，使转子轴停止转动。

⑧ 在实验界面上的"幅值-频率"图中拖动鼠标指针停留在曲线峰点，单击鼠标左键，鼠标指针旁即显示出转子轴共振时在振幅峰值处的振动频率和转子轴的转速，此转速值即是单转子轴的临界转速。

⑨ 单击计算机键盘上的屏幕打印"PrScrn"按钮，将实验曲线拷贝到 word 文档中。

⑩ 单击"退出"按钮，关闭实验程序。关闭转速控制器的电源开关。

（2）有回转效应时单转子轴临界转速的测定

① 将转子移动到靠近其中一个支点，即 $a=\frac{1}{3}l$，$b=\frac{2}{3}l$，如图 6-11 所示。

② 将转子实验台的转速控制器的转速调节旋钮逆时针旋转到底，打开转速控制器的电源开关。启动计算机，进入"Vib'ROT"单转子轴临界转速测定实验界面。点击"实验3.3FFT 频谱分析"按钮，进入实验界面，单击"开始示波"按钮。

③ 顺时针转动转子实验台转速控制器上的"调速"旋钮，使转子轴转速增加至 500r/min 左右，此时可在实验界面上的"振幅-时间"图中看到转子轴的振动曲线。

④ 点击"开始采集"按钮，然后继续顺时针转动"调速"旋钮，缓慢增加转子轴的转速，直到转子轴发生共振并超过共振点，转子转动平稳后，点击"停止采集"按钮。快速逆时针转动转子实验台转速控制器上的"调速"旋钮，使转子轴停止转动。

⑤ 在实验界面上的"幅值-频率"图中拖动鼠标指针停留在曲线峰点，单击鼠标左键，鼠标指针旁即显示出转子轴共振时在振幅峰值处的振动频率和转子轴的转速，此转速值即是单转子轴的临界转速。

⑥ 单击计算机键盘上的屏幕打印"PrScrn"按钮，将实验曲线拷贝到 word 文档中。

⑦ 单击"退出"按钮，关闭实验程序。

⑧ 关闭转速控制器的电源开关和多路信号转换器的电源开关，结束实验。

（3）实验注意事项

① 检查转子安装得是否牢固。

② 检查轴承是否加润滑油。

③ 检查轴转动是否灵活。

④ 在轴转动时，实验人员应离开回转的切向区域。

⑤ 升速或降速时，在临界转速附近不要长时间地停留，要尽快地离开临界转速区域。

### 6.5.6 数据记录和整理

① 计算无回转效应时单转子轴的临界转速，与实测临界转速比较。

② 计算有回转效应时单转子轴的临界转速，与实测临界转速比较。

③ 将实验数据填入表 6-10 中，计算理论值与实测值之间的误差。

表 6-10 单转子轴的临界转速测定实验数据表

| 临界转速理论计算值 | | 临界转速实测值 | | 误差值 | |
|---|---|---|---|---|---|
| 无回转效应 | 有回转效应 | 无回转效应 | 有回转效应 | 无回转效应 | 有回转效应 |
| | | | | | |

### 6.5.7 实验报告要求

① 简述实验目的、实验原理、实验装置及实验步骤。

② 填写实验数据和计算数据表格。

③ 分析理论值和实测值之间的误差产生的原因及存在的问题。

④ 回答思考题。

### 6.5.8 思考题

① 转子的临界转速受哪些因素的影响？

② 为什么回转效应会对转子的临界转速产生影响？

③ 分析什么是刚性轴？什么是挠性轴？

# 6.6 转子振动测量实验

### 6.6.1 实验目的

① 学习使用非接触式传感器的测量。

② 观察测试某转速下轴系转子时域波形及轴向振动量。

### 6.6.2 实验内容

将圆盘安装在转轴两支撑点的中间位置，测量轴的转速、轴的径向振动和轴向位移。

### 6.6.3 实验装置

实验装置如图 6-8 所示，主要包括轴、圆盘、轴承、电涡流传感器、光电传感器、采集仪器等。

### 6.6.4 实验原理

在旋转机械系统中，由于被测对象常是旋转部件，因此非接触式振动测量技术非常重要，其轴系一般包括转速测量和三个方向的振动测量，即水平径向振动、垂直径向振动和轴向振动。由水平和垂直的径向振动可以合成轴心轨迹图。

对于转速测量，可以令光电传感器对准转动部件上的反光纸，每旋转一周即可输出一个脉冲信号，以此计算转轴的转速。除此之外也可以使用电涡流传感器对准轴上的键槽或齿轮，同样在旋转一周时获得一个或者多个脉冲信号，以此来计算转轴转速。

振动测量则常常使用电涡流位移传感器，沿半径方向对准被测轴即可测得轴在旋转过程中的振动位移，沿轴向则可测量轴在旋转过程中的轴向位移，一般也可对轴上的固定圆盘的侧面进行轴向位移的测量。

#### 6.6.5 实验步骤

（1）硬件连接

① 电涡流传感器的安装。将光电传感器安装在电机侧面支架位置测量转速，再将一只电涡流传感器安装在支架上测量轴径向振动；另一只安装在平行轴系方向的转子支架上测量圆盘轴向振动，如图 6-12 所示。

② 按照电涡流传感器的安装说明将连接线与电源、前置器等设备连接。

③ 取下台体上圆盘托件；然后检查油杯中的油、所有固定锁紧装置是否拧紧及硬件之间的线路连接是否正常。

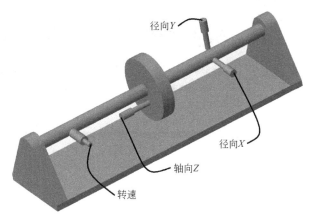

图 6-12　安装径向和轴向测量的传感器

（2）操作软件参数设置

进入多功能柔性转子实验系统，选择转子实验按钮，进入转子实验模块界面。

点击参数设置，进行参数设置，如图 6-13 所示。将采样参数设置为适当数值。其中 Ch1 通道连接光电传感器测量转速，Ch2 通道连接径向测量的电涡流传感器，Ch3 通道连接轴向测量的电涡流传感器，Ch4 通道连接振动加速度传感器。

（3）数据采集

① 启动电机，使转子系统在低速状态下旋转。

② 点击开始按钮启动测试软件，匀速调节电机调速旋钮，使转速匀速上升；选择"波形"显示方式。

③ 实验完毕，点击存盘，存储数据。

#### 6.6.6　数据记录和整理

调出数据，观察转子系统的时域振动波形。将径向和轴向时域波形振动幅值在表 6-11 中。

表 6-11　转子振动测试实验数据表

| 序号 | 转速 | 径向峰值 | 轴向峰值 |
|---|---|---|---|
| 1 | | | |
| 2 | | | |
| 3 | | | |

#### 6.6.7　实验报告要求

① 简述实验目的、实验原理、实验装置及实验步骤。

② 填写实验数据。

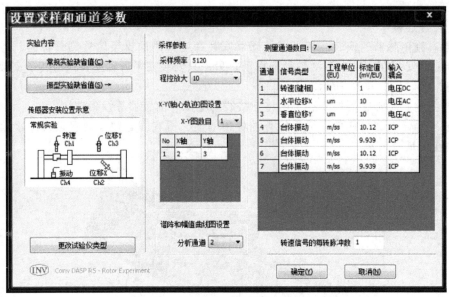

图 6-13　参数设置

③ 分析测量数据误差产生的原因及存在的问题。

④ 回答思考题。

### 6.6.8　思考题

① 电涡流位移传感器是如何实现非接触测量的？

② 分析振动数据测量误差产生的原因。

# 6.7　转子动平衡实验

### 6.7.1　实验目的

① 了解转子不平衡的机理。

② 理解转子动平衡的基本原理。

③ 掌握单平面、双平面转子动平衡的方法。

### 6.7.2　实验内容

采用影响系数法进行转子单平面、双平面动平衡。

### 6.7.3　实验装置

实验装置如图 6-8 所示，主要包括轴、圆盘、轴承、电涡流传感器、光电传感器、采集仪器等。

### 6.7.4　实验原理

当转子系统的转速低于一阶临界转速时，可以将转子视为刚性转子；而当转子转速高于一阶临界转速时，则为柔性转子。对于 INV1612 型转子实验台，安装一个圆盘时，其一阶临界转速大约在 $3000 \sim 4000 r/min$ 的范围内，当其稳定于 $2000 r/min$ 时可视为刚性转子；当其稳定于 $5000 r/min$ 时可视为柔性转子。

做 $n$ 个面的动平衡，需要 $n+1$ 个通道，第 1 通道为相位基准通道，其余 $n$ 个通道用来测量 $n$ 个平面的振动。共需进行 $n+1$ 次测量，每次测量必须在同一转速下进行，第一次各面都不加配重，测出各个平面的振动矢量为 $V_{10}$，$V_{20}$，$V_{30}$，……，$V_{n}$，即为原始振动。

第二次测量，在第 1 面加试重 $Q_1$，测得各个平面的振动矢量为 $V_{11}$，$V_{21}$，$V_{31}$，……，$V_{n1}$。

……

第 $n+1$ 次测量，卸掉以前所加试重，在第 $n$ 个面加试重 $Q_n$，测得各个平面的振动矢量为 $V_{1n}$，$V_{2n}$，$V_{3n}$，……，$V_{nn}$。

每次所加试重大小参照以下公式确定

$$m=\frac{MG}{\pi nr}$$

式中　$r$——半径，m；

　　　$G$——转子系数，m·r/min，风机为 0.98，汽轮机为 0.18，一般取 0.6；

　　　$n$——转速，r/min；

　　　$M$——转子质量，kg。

每个面的修正质量 $P_1$，$P_2$，……，$P_n$（矢量），由复数方程组求解

$$\frac{V_{11}-V_{10}}{Q_1}P_1+\frac{V_{21}-V_{20}}{Q_2}P_2+\cdots+\frac{V_{n1}-V_{n0}}{Q_n}P_n=-V_{10}$$

$$\frac{V_{12}-V_{10}}{Q_1}P_1+\frac{V_{22}-V_{20}}{Q_2}P_2+\cdots+\frac{V_{n2}-V_{n0}}{Q_n}P_n=-V_{20}$$

$$\vdots$$

$$\frac{V_{1n}-V_{10}}{Q_1}P_1+\frac{V_{2n}-V_{20}}{Q_2}P_2+\cdots+\frac{V_{nn}-V_{n0}}{Q_n}P_n=-V_{n0}$$

式中各量都为矢量的模，相位角方向以和转子转动方向相同为正。

在进行动平衡试验时，建议传感器信号经过抗混滤波器，以减少混迭的影响，增加不平衡量的测试精度。

### 6.7.5　实验步骤

（1）硬件连接

① 检查转子实验台、安装传感器、连接测试实验仪器，做好实验的准备工作。

② 传感器数量根据所要做动平衡的面数来决定。

③ 将信号传感器接到数据采集仪的第一通道；测量振动量的传感器安装在测量转子需平衡的平面的振动方向，如图 6-14 所示。

④ 检查连线连接无误后，先将转子调速旋钮调至最小，然后开车，逐渐调整转速，让转子低速转动。

（2）INV1612 型软件参数设置

每次进行动平衡实验都应先设置动平衡参数，然后进行测量。点击程序菜单栏参数设置（P）按钮将弹出设置动平衡参数对话框，如图 6-15 所示，分别设置试验名、数据路径、平衡函数、采样频率等参数。

（3）在线测量

设置好动平衡参数后，点击程序菜单栏"在线测量（M）"按钮，将进入动平衡在线测量界面，在线测量界面进入示波状态，可以观察波形是否正常，如图 6-16 所示。

图 6-14　转子振动测量

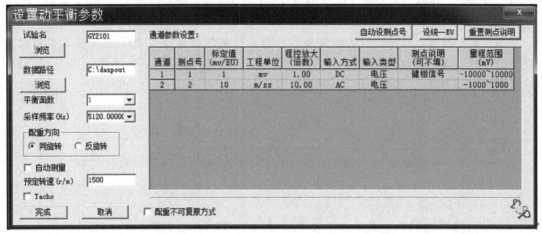

图 6-15　参数设置对话框

图 6-16　动平衡在线测量界面

①　不加配重振动量测量：在右侧测试状态工具条中选择测量状态测试不加试重。

点击工具条中，向右箭头开始进入数据采集状态，调整调速器，使转子升到指定转速。到达转子预平衡转速，转子测试系统会自动进行采样并停止；完成不加配重不平衡量测试。

按快捷键"R"或点击工具条上的 ▦ 按钮，即进行振动量的计算，计算结果将在一个弹出的窗口中显示，同时右部对话条中的相应数据也将随之改变。

若认为当前计算的结果正确，则需要进行确认，即点击右部测量状态旁的"确定"按钮来确认测量计算结果。

②　加试重测试：将调速器打到暂停状态，并在转盘任意位置加一配重螺钉，在此位置做好标记。

改变测量状态：测量1面加试重；填入所加试重大小及相位信息，如图 6-17 所示。

图 6-17　试重大小及相位

打开调速器，调节转速并同时点击工具条中的 ▶ 按钮，进入软件测量状态。调节转速到平衡转速，当达到预定转速，测试系统会自动进行采样并停止。

按快捷键"R"或点击工具条上  按钮，即进行振动量的计算，计算结果将在一个弹出的窗口中显示，同时右部对话条中的相应数据也将随之改变。

若认为当前计算的结果正确，则需要进行确认，即点击右部测量状态旁的"确定"按钮来确认测量计算结果。

③ 如果在参数设置中，选择配重不可复原方式，可以直接进入下一步，否则应将试重块取下。如果是多面平衡，依次在需平衡面上加试重测试，重复步骤②。

（4）平衡计算

① 点击菜单栏中的"平衡计算"，软件将自动进行平衡量的计算，并在 DASP 动平衡窗口中显示平衡结果，如图 6-18 所示。

图 6-18　平衡计算指示图

② 得到平衡结果后，还要对配重进行合成计算，通过对配重的合成或分解可以达到使用现有配重和预留孔来减小振动的效果。点击菜单栏配重合成（W），可选择合成或分解或固定位置来计算，如图 6-19～图 6-21 所示。

③ 配重的合成或分解用来进行配重矢量合成和分解的辅助计算。

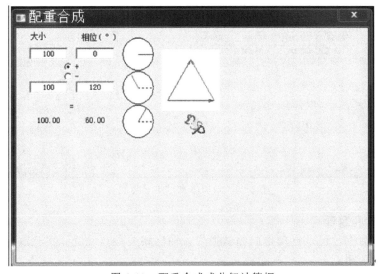

图 6-19　配重合成或分解计算框

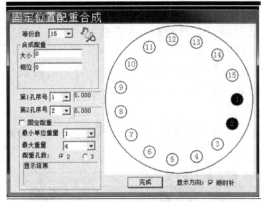

图 6-20 固定位置配重的合成示意图

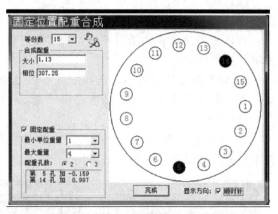

图 6-21 固定配重的合成

（5）再次平衡

测量平衡后结果的振动，可得到修正配重。再次平衡可进行多次，直到得到满意的结果为止。平衡后的结果如图 6-22 所示。

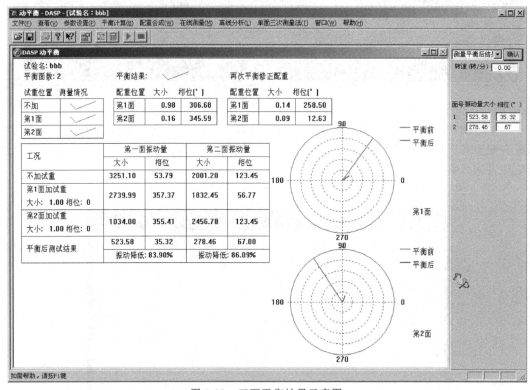

图 6-22 双面平衡结果示意图

## 6.7.6 数据记录和整理

动平衡实验数据：可以自动生成测试报告，输出相关参数设置和实验数据；也可以位图格式输出实验有关图形。

## 6.7.7 实验报告要求

① 简述实验目的、实验原理、实验装置及实验步骤。

② 填写实验数据和计算数据表格。

③ 分析理论值和实测值之间的误差产生的原因及存在的问题。

④ 回答思考题。

### 6.7.8 思考题

① 哪些因素可引起转子的不平衡振动？

② 转子动平衡方法有哪些？

# 7 过程装备控制实验

过程装备控制实验是过程装备与控制工程专业实验的另一个重要内容。通过水槽对象特征参数测定实验可以学习利用混合建模法建立水槽液位对象数学模型的方法；通过压力和流量的控制实验了解单回路控制系统的工作过程、PID控制模型的工作原理、控制参数的整定方法以及控制参数对过渡过程的影响；通过换热器温度控制实验了解串级控制的工作原理。

过程装备控制实验不但能验证控制模型的建立方法、控制参数对控制品质的影响，还能够在实验平台上研究不同的控制模型。

## 7.1 水槽对象特征参数测定实验

### 7.1.1 实验目的
① 了解水槽对象的特性，掌握测取水槽液位对象特征的测定方法。
② 利用混合建模法建立描述水槽液位对象的数学模型。

### 7.1.2 实验内容
实验采用时域分析法，在水槽液位对象处于平衡状态时，对水槽液位对象的输入变量（$q_{v1}$）施加阶跃激励，得到水槽对象输出变量（液位）随时间变化的阶跃响应曲线，通过对阶跃响应曲线的分析，确定利用机理建模法所建立的水槽液位对象模型中的放大系数 $K$、时间常数 $T$ 和滞后时间 $\tau$。此种建模法亦称为混合建模法。

### 7.1.3 实验装置
过程装备与控制工程专业基本实验综合装置（见封四），该装置操作流程见图 F-4，操作台面板见图 F-5。

### 7.1.4 实验原理
（1）利用机理建模法（即能量平衡或物料平衡法）求取水槽液位对象
① 单容液位对象的微分方程式。
ⅰ.有自衡特性的单容对象，如图 7-1 所示，其响应曲线如图 7-2 所示。
描述单容水槽被控对象的数学模型为一阶微分方程

$$T \frac{dH}{dt} + H = Kq_{v1} \tag{7-1}$$

式中　$H$——水槽液位高度；
　　　$K$——被控对象的放大系数；
　　　$T$——时间常数；
　　　$q_{v1}$——流入水槽的介质流量。

ⅱ.无自衡特性的单容对象，如图 7-3 所示。由于泵的出口流量 $q_{v2}$ 不随液位变化而变化，因此对象的动态方程为

$$\Delta q_{v1} = A \frac{d\Delta H}{dt} \tag{7-2}$$

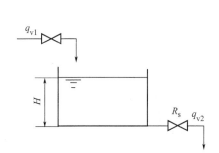

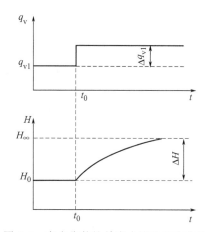

图 7-1　有自衡特性的单容水槽液位对象　　　　　图 7-2　有自衡特性单容水槽的响应曲线

若对水箱对象的输入量 $q_{v1}$ 施加阶跃激励 $\Delta q_{v1}$，则水槽对象的输出变化量为

$$\Delta H = \frac{\Delta q_{v1}}{A}(t - t_0) \tag{7-3}$$

② 双容水槽液位对象，如图 7-4 所示。

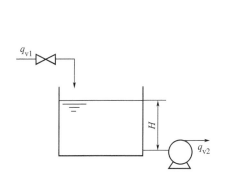

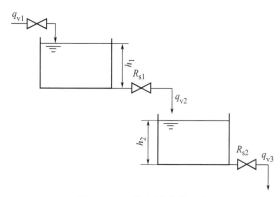

图 7-3　无自衡特性的单容水槽液位对象　　　　　图 7-4　双容水槽液位对象

描述双容水槽液位对象的数学模型为二阶微分方程

$$T_1 T_2 \frac{d^2 h_2}{dt^2} + (T_1 + T_2)\frac{dh_2}{dt} + h_2 = K q_{v1} \tag{7-4}$$

式中　$T_1$、$T_2$——水槽 1、水槽 2 的时间常数；

　　　　$h_2$——水槽 2 的液位。

（2）实验测定法求取被控对象的特性参数

① 被控对象的放大系数 $K$。被控对象的放大系数 $K$ 亦称静态增益，指被控对象重新达到平衡状态时的输出变化量与输入变化量之比，即

$$K = \frac{y(\infty) - y(0)}{x(\infty) - x(0)} \tag{7-5}$$

ⅰ. 式(7-5)中对于单容液位对象：

$y(0)$——在阶跃激励出现前水槽 1 的液位 $h_1$；

$y(\infty)$——在阶跃激励作用下，水槽 1 的液位重新达到平衡后的数值 $h_1'$；

$x(0)$——在阶跃激励出现前流入水槽的介质流量 $q_{v1}$；

$x(\infty)$ ——流入水槽的介质流量 $q_{v1}$ 与阶跃激励值 $\Delta q_{v1}$ 之和 $q'_{v1}$。

ⅱ. 式(7-5)中对于双容液位对象：

$y(0)$ ——在阶跃激励出现前水槽2的液位 $h_2$；

$y(\infty)$ ——在阶跃激励作用下，水槽的液位重新达到平衡后的数值 $h'_2$；

$x(0)$ ——在阶跃激励出现前流入水槽的介质流量 $q_{v1}$；

$x(\infty)$ ——流入水槽的介质流量 $q_{v1}$ 与阶跃激励值 $\Delta q_{v1}$ 之和 $q'_{v1}$。

② 时间常数 $T$。时间常数反映了被控对象受到阶跃激励作用后，输出变量达到新稳态值的快慢，它决定了整个动态过程的长短。利用实验响应曲线可得到时间常数 $T$。首先在实验响应曲线找到输出量变化至终了值 $y(\infty)$ 的63.2%倍的坐标点，它所对应的时刻 $t_1$ 与输出量开始变化的时刻 $t_0$ 的时间间隔就是时间常数 $T$，如图7-5所示。

③ 滞后时间 $\tau_c$。在受到阶跃激励变量的作用后，被控变量并不立即发生变化，而是过一段时间才发生变化，称为滞后现象。它是描述对象滞后现象的动态参数。容量滞后是由于物料或能量的传递过程中受到一定的阻力而引起的，或者说是由于容量数目多而产生的。利用二阶响应曲线可得到容量滞后 $\tau_c$。在响应曲线的拐点处作切线，切线与时间轴的交点与被控变量开始变化的起点之间的时间间隔就是容量滞后时间，如图7-6所示。

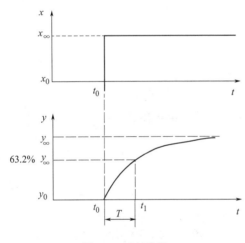

图 7-5　时间常数

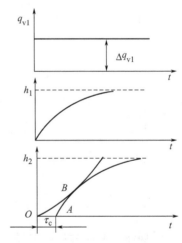

图 7-6　双容水槽的响应曲线

### 7.1.5　有自衡特性的单容对象实验步骤

以高位水槽作为有自衡特性的单容对象，实验流程如图7-7，实验步骤如下。

① 打开阀门 V02、V03、V07、V09、V10、V11、V12，将 V04 旋至半开位置，关闭其他所有阀门。

② 顺时针转动操作台面板（见图 F-5）上的总控开关"n14"，启动操作台。

③ 顺时针旋转流量调节旋钮"n8"到底，打开电动调节阀 V14。

④ 启动工控机，在桌面上打开"基本实验主程序"，点击"实验选择"按钮，选择"水槽对象特征参数测定实验"菜单，点击"进入"按钮，进入"液位对象特征测定实验"界面，单击"实验选择"按钮，选择"有自衡特性的单容液位"实验程序，进入实验界面，如图7-8所示。

⑤ 顺时针转动操作台面板上选择开关"n13"，将水泵运行方式设置成变频运行方式，按下主水泵启动按钮"n10"，启动变频器。顺时针转动压力调节旋钮"n7"，使流量表"n2"的读数在 0.3L/s 左右。

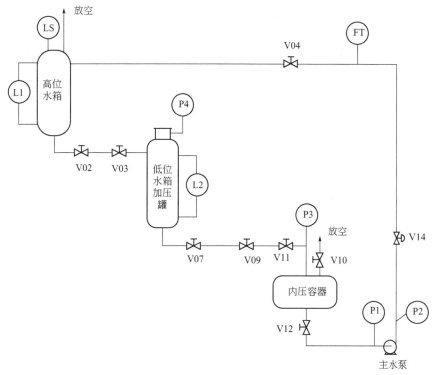

图 7-7　水槽对象特征参数测定实验流程图

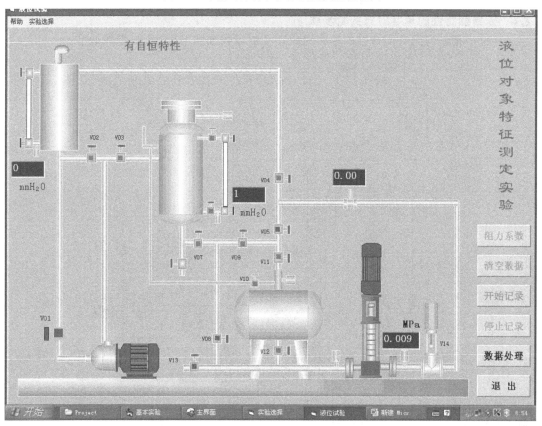

图 7-8　有自衡特性的单容液位对象实验界面

⑥ 调节阀门 V02，改变高位水槽的出水流量 $q_{v2}$，使高位水槽的水位稳定在 100mm 左右，记录此时的进水流量 $q_{v1}$ 和高位水槽的液位 $h_1$ 填入实验记录表格。

⑦ 在液位实验程序画面中，先点击"阻力系数"，再点击"清空数据"，然后点击"开始记录"。

⑧ 顺时针迅速旋转球阀 V04 使流量表"n2"的读数增加到 0.35L/s 左右，人为对高位水槽的进水流量 $q_{v1}$ 施加阶跃激励。记录此时的进水流量 $q'_{v2}$ 并观察高位水箱上的玻璃管液位计和屏幕上的液位记录曲线，至液位重新平衡，记录此时高位水箱的液位 $h'_1$ 填入表 7-1。

表 7-1　水槽液位对象实验数据记录表

| 有自衡特性的单容液位对象 | | | | 双容液位对象实验 | | | |
|---|---|---|---|---|---|---|---|
| $q_{v1}$/(L/s) | $q'_{v1}$/(L/s) | $h_1$/mm | $h'_1$/mm | $q_{v1}$/(L/s) | $q'_{v1}$/(L/s) | $h_2$/mm | $h'_2$/mm |
| | | | | | | | |

⑨ 点击"停止记录"按钮，逆时针旋转压力调节旋钮"n7"到底，再按下主水泵关闭按钮"n9"，关闭主水泵。

⑩ 点击"数据处理"按钮，进入实验数据处理画面，进入有自衡特性的单容液位实验数据处理程序，选择文件类型为数据库文件，输入班级、学号、姓名，就可得到有自衡特性液位变化曲线。

### 7.1.6　无自衡特性的单容对象实验步骤

以高位水槽作为无自衡特性的单容对象，实验流程如图 7-9，实验步骤如下。

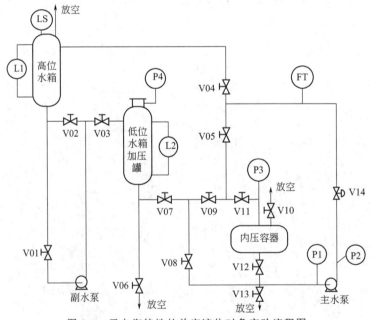

图 7-9　无自衡特性的单容液位对象实验流程图

① 打开阀门 V01、V03、V07、V09、V10、V11、V12，将 V04 旋至半开位置，关闭其他所有阀门。

② 顺时针转动操作台面板（见图 F-5）上的总控开关"n14"，启动操作台。

③ 顺时针旋转流量调节旋钮"n8"到底，打开电动调节阀 V14。

④ 启动工控机，在桌面上打开"基本实验主程序"，单击"实验选择"按钮，选择"液位对象特征测定实验"程序，单击"实验选择"按钮，选择"无自衡特性的单容液位"实验程序；点击"进入"按钮，进入无自衡特性的单容液位实验程序界面。

⑤ 顺时针转动操作台面板上选择开关"n13"，将水泵运行方式设置成变频运行方式，按下主水泵启动按钮"n10"，启动变频器。

⑥ 顺时针转动压力调节旋钮"n7"，使流量表"n2"的读数在 0.3L/s 左右。

⑦ 按下操作台面板上的副水泵启动按钮"n12"，启动副水泵。

⑧ 调节阀门 V03，改变高位水箱的出水流量 $q_{v2}$，使高位水箱的水位稳定在 100mm 左右。

⑨ 点击实验界面中的"阻力系数"按钮，再点击"清空数据"按钮，然后点击"开始记录"按钮。

⑩ 顺时针迅速旋转球阀 V04 使流量表"n2"的读数增加到 0.35L/s 左右，人为对高位水槽的进水流量 $q_{v1}$ 施加阶跃激励。

⑪ 观察高位水箱上的玻璃管液位计和屏幕上的液位记录曲线，至液位接近高位水箱液位计上限时；点击"停止记录"按钮。

⑫ 按下操作台面板上的副水泵关闭按钮"n11"，关闭副水泵，逆时针旋转压力调节旋钮"n7"到底，再按下操作台面板上的主水泵关闭按钮"n9"，关闭主水泵。

⑬ 点击"数据处理"按钮，进入实验数据处理画面，进入无自衡特性的单容液位实验数据处理程序，选择文件类型为数据库文件，输入班级、学号、姓名，就可得到无自衡特性液位变化曲线。

### 7.1.7 双容液位对象实验步骤

分别以高位水槽和低位水槽作为双容液位对象，实验流程如图 7-7，实验步骤如下。

① 打开阀门 V02、V03、V07、V09、V12、V11、V10；V04 旋至半开位置，关闭其他所有阀门。

② 顺时针转动操作台面板（见图 F-5）上的总控开关"n14"，启动操作台。

③ 顺时针旋转流量调节旋钮"n8"到底，打开电动调节阀 V14。

④ 启动工控机，在桌面上打开"基本实验主程序"，选择"液位对象特征测定实验"程序，单击"实验选择"按钮，选择双容液位对象实验程序；点击"进入"按钮，进入双容液位对象实验程序界面。

⑤ 顺时针转动操作台面板上选择开关"n13"，将水泵运行方式设置成变频运行方式，按下主水泵启动按钮"n10"，启动变频器。

⑥ 顺时针转动压力调节旋钮"n7"，使流量表"n2"的读数在 0.3L/s 左右。

⑦ 调节阀门 V03，改变高位水槽的出水流量 $q_{v2}$；调节阀门 V07 改变低位水槽的出水流量 $q_{v3}$，使高位水槽的水位稳定在 100mm 左右，低位水槽的水位稳定在 80mm 左右，分别记录进水流量 $q_{v1}$ 和低位水箱的液位 $h_2$ 填入表 7-1。

⑧ 在液位实验程序画面中，先点击"阻力系数"，再点击"清空数据"，然后点击"开始记录"。

⑨ 顺时针迅速旋转球阀 V04 使流量表"n2"的读数在增加到 0.35L/s 左右，人为对高位水槽的进水流量 $q_{v1}$ 施加阶跃激励。

⑩ 观察高、低位水箱上的玻璃管液位计和屏幕上的液位记录曲线，至液位重新平衡，记录低位水箱的液位 $h_2'$ 填入实验记录表格，点击"停止记录"按钮。

⑪ 逆时针旋转压力调节旋钮"n7"，再按下主水泵关闭按钮"n9"，关闭主水泵。

⑫ 点击"数据处理"按钮，进入实验数据处理画面，进入双容液位实验数据处理程序，选择文件类型为数据库文件，输入班级、学号、姓名，就可得到双容液位变化曲线。

### 7.1.8 数据记录和整理

① 记录有自衡特性的单容液位对象初始平衡时的进水流量 $q_{v1}$ 和水槽 1 的液位 $h_1$；记录经过阶跃激励后进水流量 $q'_{v1}$ 和水槽 1 的液位 $h'_1$，计算阶跃变化量 $\Delta q_{v1}$ 和水槽 1 液位的变化量 $\Delta h_1$ 填入表 7-1。

② 记录双容液位对象的初始平衡时的进水流量 $q_{v1}$ 和水槽 2 的液位 $h_2$；记录经过阶跃激励后进水流量 $q'_{v1}$ 和水槽 2 的液位 $h'_2$，计算阶跃变化量 $\Delta q_{v1}$ 和水槽 1 液位的变化量 $h'_2$ 填入表 7-1。

### 7.1.9 实验报告要求

① 写出实验目的、实验内容、实验步骤，绘制有自衡特性的单容液位对象和双容液位对象的响应曲线。

② 依据物料平衡法列出有自衡特性的单容液位对象的微分方程，利用实验数据计算放大系数 $K$，利用有自衡特性的单容液位对象响应曲线使用作图法求出水槽 1 的时间常数 $T$，列出有自衡特性的单容液位对象的数学模型。

③ 依据物料平衡法列出双容液位对象的微分方程，利用实验数据计算放大系数 $K$，利用双容液位对象响应曲线使用作图法求出水槽 1 的时间常数 $T_1$、水槽 2 的时间常数 $T_2$，列出双容液位对象的数学模型。

④ 用作图法求出双容液位对象中的容量滞后时间 $\tau_c$。

⑤ 回答思考题。

### 7.1.10 思考题

① 有自衡特性的被控对象和无自衡特性的被控对象的区别是什么？

② 分析双容液位对象中低位水槽液位变化的滞后现象。

# 7.2 调节阀流量特性实验

### 7.2.1 实验目的

① 掌握电动调节阀流量特性的测量方法。

② 测量电动调节阀的流量特性，分析调节阀的理想流量特性和串联工作流量特性的区别以及调节阀流量特性对控制过程的影响。

### 7.2.2 实验内容

① 调节阀理想流量特性曲线的测量。在从小到大改变调节阀的相对开度时，通过调节水泵转速，使得调节阀前后压差 $\Delta p$ 保持恒定，测量调节阀在不同的相对开度下流经调节阀的相对流量值。绘制调节阀理想流量特性曲线。

② 调节阀在串联管路中的工作流量特性曲线的测量。在管路系统总压不变的情况下，测量调节阀在不同的相对开度下流经调节阀的相对流量值。通过设定不同的管路系统总压力，可测量出在不同 $s$ 值下的调节阀的工作流量特性曲线族。

### 7.2.3 实验设备

本实验可分别采用下列装置完成。

① 过程设备与控制多功能综合实验台见封四，该装置操作流程见图 F-1，操作台面板见图 F-2。本实验操作流程见图 7-10（a）。

② 阀门流量特性综合实验装置（见封三），该装置操作面板见图 F-7，实验操作流程见图 7-10（b）。

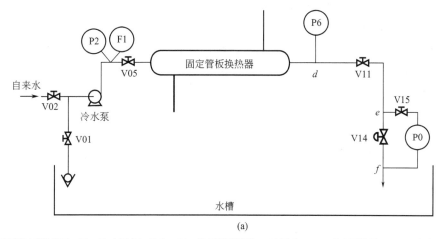

(a)

P0—调节阀两端差压；P2—冷水泵出口压力；P6—换热器管城进口 $d$ 点压力；F1—冷水泵流量；V14—电动调节阀

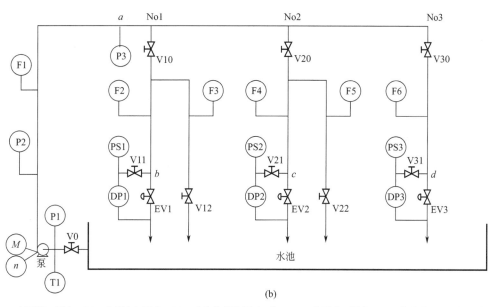

(b)

P1—水泵进口压力；P2—水泵出口压力；P3—系统参考总压（Pa）；T1—水泵进口温度；F1—总流量；$M$—水泵转矩；$n$—水泵转速；F2，F3—第一主路流量及分路流量；EV1—第一路电动调节阀；DP1—EV1两侧差压；F4，F5—第二主路流量及分路流量；EV2—第二路电动调节阀；DP2—EV2两侧差压；F6—第三主路流量及分路流量；EV3—第三路电动调节阀；DP3—EV3两侧差压

图 7-10　调节阀流量特性实验流程图

## 7.2.4　实验原理

调节阀的流量特性是指流过阀门的介质相对流量与阀门的相对开度之间的关系，表示为

$$\frac{q_{\mathrm{v}}}{q_{\mathrm{vmax}}} = f\left(\frac{l}{L}\right) \tag{7-6}$$

式中　$q_{\mathrm{v}}/q_{\mathrm{vmax}}$——相对流量；

$q_{\mathrm{v}}$——阀在某一开度时的流量；

$q_{\mathrm{vmax}}$——阀在全开时的流量；

$l/L$——阀的相对开度；

$l$——阀在某一开度时阀芯的行程；

$L$——阀全开时阀芯的行程。

（1）调节阀的理想特性

在调节阀前后压差 $\Delta p_v$ 不变的情况下，调节阀的流量曲线称为调节阀的理想流量特性。根据调节阀阀芯形状不同，流量曲线有快开型、直线型、抛物线型和等百分比型四种理想流量曲线。本实验使用的调节阀为等百分比流量特性，如图 7-11 中的曲线 4，其相对开度与相对流量之间的关系为

$$\frac{q_v}{q_{vmax}} = R^{\left(\frac{l}{L}-1\right)} \tag{7-7}$$

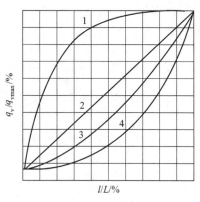

图 7-11　调节阀的理想
流量特性曲线

阀能控制的最大与最小流量之比称为可调比，用 $R$ 表示。调节阀理想特性曲线的测试实验就是在保持调节阀前后压差 $\Delta p_v$ 恒定的情况下，测量调节阀相对开度 $l/L$ 与相对流量 $q_v/q_{vmax}$ 之间的关系。

（2）调节阀在串联管道中的工作特性

调节阀在串联管道中的连接如图 7-12 所示。在实际生产中由于调节阀前后管路阻力造成压力降，使调节阀的前后压差 $\Delta p_v$ 产生变化，此时调节阀的流量特性称为工作特性。

当调节阀在串联管路中时，系统的总压差等于管路的压力降与调节阀前后压差之和

$$\Delta p = \Delta p_1 + \Delta p_v \tag{7-8}$$

式中　$\Delta p$——系统总压差；

$\Delta p_1$——管路压力降；

$\Delta p_v$——调节阀前后压差。

串联管路中管路压力降与流量的平方成正比，若系统总压差不变，当调节阀开度增加时，管路压力降将随着流量的增大而增加，调节阀前后压差则随之减小，其压差变化曲线如图 7-13 所示。

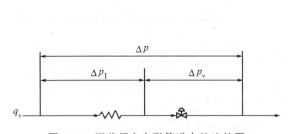

图 7-12　调节阀在串联管道中的连接图

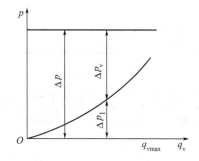

图 7-13　调节阀在串联管道中压差变化曲线

将调节阀在理想状态下（即管路的压力降为零）且为全开时的最大流量作为参比值，用 $s$ 表示调节阀全开时调节阀前后压差与系统总压之比

$$s = \frac{\Delta p_v}{\Delta p} \tag{7-9}$$

当管路压力降等于零时，系统总压差全部落在调节阀上，$\Delta p = \Delta p_v$，$s=1$，调节阀的流量特性为理想流量特性。

当管路压力降大于零时，系统总压差分别落在管路和调节阀上 $\Delta p = \Delta p_1 + \Delta p_v$，$s < 1$ 调节阀的流量特性为工作流量特性。

实验中的 $\Delta p$ 是指换热器管程出口处 $d$ 点经阀门 V11 到 $e$ 点，再到调节阀 V14 出口 $f$ 点的压差；$\Delta p_v$ 指调节阀 V14 两端 $e$、$f$ 之间的压差，如图 7-10 所示。

### 7.2.5 调节阀的理想流量特性实验步骤

#### 7.2.5.1 采用过程设备与控制多功能综合实验台

① 打开 V05、V11、V15，关闭其他阀门，使冷流体走管程。

② 灌泵。打开自来水阀门 V02，然后旋开冷水泵排气阀放净空气，待放完泵内空气后将其关闭，保证离心泵中充满水，再关闭自来水阀门 V02，最后打开 V15。

③ 按下操作台面板（见图 F-2）上的"控制方式"按钮，选择 DDC 控制方式。

④ 启动冷水泵。将水泵运行方式开关"m7"旋向"变频运行"，选择变频运转方式，然后按下冷水泵启动按钮"m11"。

⑤ 开启工控机，进入过程设备与控制综合实验程序，选择调节阀流量特性实验进入实验界面。

⑥ 在实验界面上向右移动"阀门开度"移动条至 100%，使调节阀 V14 全开；再向右移动"压力调节"移动条至 100%。记下此时调节阀压差 $\Delta p_v$ 值作为"基准值"，单击"开始"按钮。

注：调整"压力调节"移动条应轻缓，避免差压变送器过载导致超压保护开关 PS 动作，造成停泵。

⑦ 单击"理想特性"按钮，数据稳定后，单击"初值采集"按钮；单击"记录"按钮。

⑧ 向左移动"压力调节"移动条约 10%，向左移动"阀门开度"移动条，使调节阀 V14 开度减小 10%。

⑨ 移动实验界面上的"压力调节"移动条，使调节阀 V14 两端压差等于步骤⑥中的基准值 $\Delta p_v$。

⑩ 数据稳定后，单击"记录"按钮，记录调节阀此开度时的流量值；重复步骤⑦～⑨，直至调节阀 V14 开度为零，将数据填入表 7-2。

注：不要退出程序，继续做电动调节阀的工作流量特性实验。

#### 7.2.5.2 采用阀门流量特性综合实验装置

以等百分比型调节阀为例，实验步骤如下。

① 顺时针转动操作台面板（图 F-7）上的总控开关"m12"启动控制台，按下操作台面板上的"控制方式"按钮"m6"，选择 DDC 控制方式。

② 开启工控机，打开阀门流量特性实验程序主界面，选择"调节阀流量特性实验"点击"确定"进入调节阀流量特性实验界面，再选择"等百分比型调节阀流量特性实验"，点击"确定"进入等百分比型调节阀流量特性实验界面。

③ 将阀门流量特性实验台上的阀门 V0、V10、V11 打开，将其他阀门全部关闭。

④ 启动水泵：将操作台上的水泵运行方式开关"m11"旋向"变频运行"，选择变频运转方式，然后按下水泵启动按钮"m9"。

⑤ 在实验界面上单击"开始"按钮，再单击"理想特性"按钮，进入等百分比型调节阀理想流量特性实验界面。向右移动"阀门开度"移动条至 100%，使调节阀 EV1 全开；再向右移动"压力调节"移动条至调节阀压差 $\Delta p_v = 100\text{kPa}$，待数据稳定后将其作为"基准值"，单击"采集初值"按钮存入实验程序，并将此时的调节阀 EV1 开度为 100% 时的流量作为最大流量 $q_{v\max}$ 记录于表 7-2。

⑥ 单击"记录"按钮。同时将调节阀在此开度的实测流量和相对流量填入表 7-2。

⑦ 将"压力调节"移动条移动至最左处，再向左移动"阀门开度"移动条，使调节阀EV1开度减小10%。

⑧ 向右缓慢移动"压力调节"移动条，仍使调节阀EV1两端压差 $\Delta p_v=100kPa$。

⑨ 数据稳定后，单击"记录"按钮，记录调节阀此开度时的流量值填入表7-2。

⑩ 重复步骤⑥～⑨，直至调节阀EV1开度为零，在实验界面上绘出等百分比型调节阀理想流量特性曲线。

### 7.2.6　调节阀的工作流量特性实验步骤

#### 7.2.6.1　采用过程设备与控制多功能综合实验台

调节阀的工作流量特性实验是在不同的 $s$ 值下分别进行，$s$ 可取0.8、0.6、0.4，$s$ 值的大小通过改变调节阀前后压差 $\Delta p$ 得到，计算如式(7-9)。实验步骤如下。

① 单击"开始"按钮；单击"工作特性"按钮。

② 移动"阀门开度"移动条，使调节阀V14开度为100%。

③ 移动"压力调节"移动条；使系统总压差维持在90kPa不变。

④ 根据 $s$ 值手动缓慢减小阀门V11的开度，记下此时调节阀压差 $\Delta p_v$ 值，计算出 $s$ 值，使调节阀压差 $\Delta p_v=s\Delta p$（kPa）。

⑤ 重复步骤②～④，直至使系统总压差 $\Delta p=$"基准值"，$\Delta p_v=s\Delta p$（kPa）。

⑥ 向左移动"压力调节"移动条约10%，移动"阀门开度"移动条，使调节阀门V14开度减小10%。

⑦ 移动"压力调节"移动条，使系统总压差 $\Delta p=$"基准值"不变；系统稳定后，单击"记录"按钮。

⑧ 系统稳定后，单击"记录"按钮。

⑨ 重复步骤⑥～⑧，直至阀门开度为零。将数据填入表7-2。

⑩ 利用相同方法可生成不同 $s$ 值的电动调节阀的工作流量特性实验曲线。

⑪ 打开阀门V07，关闭差压传感器阀，按下水泵关闭按钮"m10"，关闭冷水泵。退出实验程序界面，弹出"m6"开关，结束实验。

#### 7.2.6.2　采用阀门流量特性综合实验装置

① 将阀门V10全开，其他阀门不操作。

② 在之前实验已经打开的实验界面上点击"开始"按钮，再点击"串联特性"按钮，进入等百分比型调节阀串联管路中的工作流量特性实验界面。

③ 移动"阀门开度"移动条，使调节阀EV1开度为100%，缓慢移动"压力调节"移动条，使管路总压值150kPa。记录此时的管路总压 和管路流量值 $q_{vmax}$，把此时的管路阻力认定为零并将其作为基准值，单击"采集初值"按钮存入实验程序。

④ 减小阀门V10开度约20度，用以增加调节阀前端管路阻力。

⑤ 单击"记录"按钮记录实验数据，并自动计算出此时的 $s$ 值（$s=\Delta p_v/\Delta p$）。将"压力调节"移动条向左处移动，再移动"阀门开度"移动条，使调节阀门EV1开度减小10%，再移动"压力调节"移动条，使总压值 与步骤③记录的系统总压差 值一致。待数据稳定后，单击"记录"按钮。

⑥ 重复步骤⑤直至阀门开度为零。将数据填入表7-3。程序将自动绘制出一条 $s<1$ 的调节阀串联工作流量特性曲线。

⑦ 将"压力调节"移动条移动至最左处；重复步骤②～⑤可得到 $s$ 值更小的一条调节阀串联工作流量特性曲线。

⑧ 重复步骤⑦进一步增加调节阀前端管路阻力。

⑨ 结束实验。点击"结束"按钮，退出实验界面。按下操作台上的"水泵关闭按钮m10"，关闭水泵。

### 7.2.7 数据记录和整理

① 计算调节阀理想流量特性实验数据中的相对流量值，填入表 7-2，在方格纸上绘制调节阀理想流量特性。

② 将 $s=1$、$s=0.8$、$s=0.6$、$s=0.4$ 时的实验数据填入表 7-3 并计算出相对流量值，用方格纸在同一坐标系上绘制出调节阀在串联管路中的工作流量特性曲线族。

### 7.2.8 实验报告要求

① 写出实验目的、实验内容、实验步骤，填写实验数据表格。

② 绘制调节阀的理想流量特性曲线和调节阀串联工作流量特性曲线族。

③ 根据调节阀的理想流量特性曲线，判断阀体是快开型、直线型、抛物线型还是等百分比型的。

④ 根据调节阀的工作流量特性曲线，分析调节阀的性能变化对过程控制的影响。

⑤ 回答思考题。

### 7.2.9 思考题

① 调节阀的理想流量特性取决于什么？

② 在串联管道中，调节阀前后压差与哪些因素有关，为什么？

③ 调节阀理想流量特性曲线与工作流量特性曲线的差异是什么原因造成的？

④ $s$ 的大小对调节系统会产生什么影响？

表 7-2 调节阀的理想流量特性数据处理记录表

| 最大流量 | $q_{vmax}=$ (L/s) | | | | | | | | | |
|---|---|---|---|---|---|---|---|---|---|---|
| 相对开度 | 0% | 10% | 20% | 30% | 40% | 50% | 60% | 70% | 80% | 90% | 100% |
| 实测流量/(L/s) | | | | | | | | | | |
| 相对流量/(L/s) | | | | | | | | | | |

表 7-3 电动调节阀的工作流量特性数据处理记录表

| 系统总压差 | $\Delta p=$ (kPa) | | | | $s=\Delta p_v/\Delta p=1$ | | | | | |
|---|---|---|---|---|---|---|---|---|---|---|
| 阀门开度 | 0% | 10% | 20% | 30% | 40% | 50% | 60% | 70% | 80% | 90% | 100% |
| 实测流量/(L/s) | | | | | | | | | | |
| 相对流量/(L/s) | | | | | | | | | | |
| 系统总压差 | $\Delta p=$ (kPa) | | | | $s=\Delta p_v/\Delta p=0.8$ | | | | | |
| 阀门开度 | 0% | 10% | 20% | 30% | 40% | 50% | 60% | 70% | 80% | 90% | 100% |
| 实测流量/(L/s) | | | | | | | | | | |
| 相对流量/(L/s) | | | | | | | | | | |
| 系统总压差 | $\Delta p=$ (kPa) | | | | $s=\Delta p_v/\Delta p=0.6$ | | | | | |
| 阀门开度 | 0% | 10% | 20% | 30% | 40% | 50% | 60% | 70% | 80% | 90% | 100% |
| 实测流量/(L/s) | | | | | | | | | | |
| 相对流量/(L/s) | | | | | | | | | | |
| 系统总压差 | $\Delta p=$ (kPa) | | | | $s=\Delta p_v/\Delta p=0.4$ | | | | | |
| 阀门开度 | 0% | 10% | 20% | 30% | 40% | 50% | 60% | 70% | 80% | 90% | 100% |
| 实测流量/(L/s) | | | | | | | | | | |
| 相对流量/(L/s) | | | | | | | | | | |

# 7.3 单回路流量控制实验

### 7.3.1 实验目的

① 利用临界比例度法对单回路流量控制系统进行整定，测定在阶跃激励作用下离心泵流量的过渡过程，评价控制系统的控制质量。

② 理解 PID 控制模型中的比例度 $P$、积分时间常数 $T_I$ 和微分时间常数 $T_D$ 对过渡过程的影响。

### 7.3.2 实验内容

① 采用临界比例度法对流量控制系统进行整定，确定 PI 控制模型中的 $P$、$T_I$ 参数。

② 对离心泵出口扬程施加阶跃激励，测量泵流量的过渡过程曲线，计算流量控制系统的性能指标，评价控制系统的品质指标。

③ 在 PI 控制模型中通过设置不同的 $P$、$T_I$，观察控制参数对过渡过程的影响。

### 7.3.3 实验装置

本实验可分别采用下列实验装置。

① 过程设备与控制多功能综合实验台（见封四），该装置操作流程见图 F-1，操作台面板见图 F-2。图 7-14(a) 为本实验操作流程。

② 过程装备与控制工程专业基本实验综合装置（见封四），该装置操作流程见图 F-4，操作台面板见图 F-5。图 7-14(b) 为本实验操作流程。

### 7.3.4 实验原理

(1) 流量控制系统工作原理

单回路流量控制实验流程图如图 7-14 所示，由涡轮流量变送器 FT 将离心泵出口流量转换成脉冲信号，经频率/电压转换器转换成电压信号后输出至流量调节器 FC，FC 将流量测量信号 $F_m$ 与流量给定值 $F_s$ 比较后，按 PI 调节规律输出 4～20mA 控制信号 $u$，驱动电动调节阀改变开度，达到控制离心泵出口流量的目的。

单回路流量控制系统方框图如图 7-15 所示。控制系统中的被控变量 $y$ 为离心泵出口流量、操纵变量 $m$ 为流过换热器壳程流体的流量、干扰变量 $f$ 为离心泵出口扬程的变化、执行器为电动调节阀 V14。

流量控制系统采用比例积分控制规律（PI）对流量进行控制。理想的 PI 调节规律的数学表达式为

$$\Delta u(t) = K_P \left[ e(t) + \frac{1}{T_I} \int_0^t e(t)\mathrm{d}t \right] \tag{7-10}$$

式中　$\Delta u$——调节器输出信号的变化量；

　　　$e$——调节器输入信号（偏差）；

　　　$K_P$——比例放大倍数；

　　　$T_I$——积分时间常数。

当系统稳定时被控变量离心泵的出口流量 $q_v$ 稳定在设定值附近，若在 $t=0$ 时刻，对泵扬程施加阶跃激励，泵流量将开始响应并按衰减振荡的规律变化一段时间后逐渐趋于稳定，完成一次过渡过程。

(2) 控制参数整定

调节器参数整定采用临界比度法，即在纯比例控制（积分和微分关闭）的情况下，将比例度 $\delta$ 从大到小进行设置，在每个 $\delta$ 值下用设定值做一个阶跃激励，直到获得等幅振荡过渡

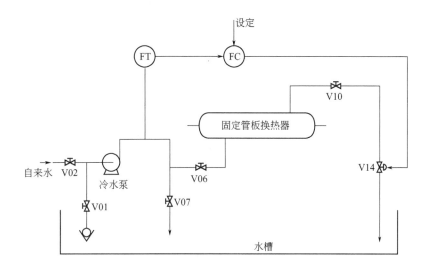

(a) 单回路流量控制实验流程图Ⅰ

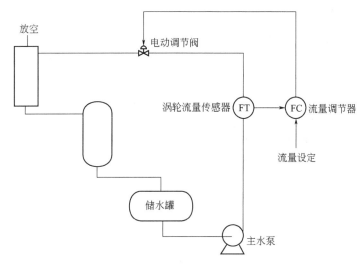

(b) 单回路流量控制实验流程图Ⅱ

图 7-14　单回路流量控制实验流程图

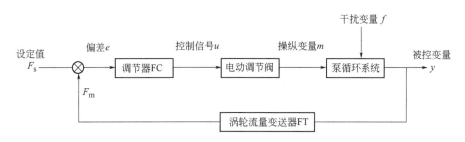

图 7-15　单回路流量控制系统方框图

曲线，如图 7-16 所示。此时的比例度称为临界比例度 $\delta_K$，振荡周期为临界振荡周期 $T_K$，振荡周期 $T_K$ 可在过渡过程曲线上求得。最后从表 7-4 查出调节器的整定参数 $\delta$ 和 $T_I$。

表 7-4　临界比例度法经验值

| 控制规律 | $\delta$ | $T_{\mathrm{I}}$ |
|---|---|---|
| P | $2\delta_{\mathrm{K}}$ | — |
| PI | $2.2\delta_{\mathrm{K}}$ | $0.85T_{\mathrm{K}}$ |

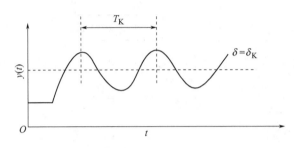

图 7-16　临界振荡曲线

表 7-4 中的 PI 参数整定算式是以使闭环控制系统得到 4：1 衰减比及适当大小的最大偏差为目标的。

### 7.3.5　实验步骤

#### 7.3.5.1　采用过程设备与控制多功能综合实验台

① 打开阀门 V05、V11、V14，关闭其他所有阀门，将操作台面板上压力调节旋钮 "m8" 顺时针旋转到底。

② 灌泵。打开自来水阀门 V02，然后旋开冷水泵排气阀放净空气，待放完泵内空气后将其关闭，保证离心泵中充满水，最后关闭自来水阀门 V02。

③ 顺时针转动操作台面板（见图 F-2）上的总控开关 "m14" 启动操作台；将按键开关 "m3"、"m5" 和 "m6" 置于弹出状态。

④ 开启工控机，进入过程设备与控制综合实验程序，选择 "单回路流量控制实验"，进入实验程序界面。点击 "仪表设置" 按钮，弹出仪表控制参数设置界面，依次点击 "设置" 按钮，可设置流量调节器的比例度 $P$、积分时间常数 $T_{\mathrm{I}}$ 和微分时间常数 $T_{\mathrm{D}}$ 等控制参数。设置流量给定值 $SV=1.5\mathrm{L/s}$，将 $T_{\mathrm{I}}$ 和 $T_{\mathrm{D}}$ 关闭（置零），比例度 $P$ 设置成 200，每设置完一个参数需按 "确认" 键；参数设置完毕后单击 "返回" 按钮返回实验界面。

⑤ 顺时针转动操作台面板上选择开关 "m7"，将水泵运行方式设置成变频运行方式，按下主水泵启动按钮 "m11" 启动冷水泵。转动流量调节旋钮 "m9" 使流量表 "m2" 读数约 1.5L/s，然后按下流量自动/手动调节按钮 "m3" 将实验系统设置成流量自动控制方式。

⑥ 点击 "实时曲线" 按钮进入实时曲线界面，点击左下角的参数整定栏中的 "开始" 按钮，显示流量实时变化曲线。待流量稳定后，点击 "仪表设置" 按钮，进入仪表控制参数设置界面，点击 "设置" 按钮，修改流量设定值 SV，用改变设定值 SV 的方法对系统施加阶跃激励，幅度控制在设定值的 ±10% 内。每设置完一个参数需按 "确认" 键；参数设置完毕后单击 "返回" 按钮。观察流量过渡曲线形状；若流量过渡曲线呈等幅振荡形式，点击参数整定栏中的 "停止" 按钮，转至步骤⑧。

⑦ 若流量过渡曲线不为等幅振荡形式，点击参数整定栏中的 "停止" 按钮，弹出流量自动/手动调节按钮 "m3"，将实验系统还原成手动控制方式。将操作台面板上压力调节旋钮 "m8" 顺时针旋转到底，转动流量调节旋钮 "m9" 使系统恢复到流量表 "m2" 读数约

1.5L/s的工况。再重新点击"仪表设置"按钮，进入仪表控制参数设置界面，点击"设置"按钮，若流量过渡曲线为衰减振荡形式，则减小比例度 $P$ 值，反之加大比例度 $P$ 值；流量设定值 $SV=1.5L/s$ 不变，每设置完一个参数需按"确认"键；参数设置完毕后单击"返回"按钮，然后重复步骤⑥。

⑧ 弹出流量自动/手动调节按钮"m3"，使系统回到手动控制状态；使用实时曲线界面上的"曲线位移""曲线大小"调节按钮，将等幅振荡曲线放大，读出曲线的振荡周期 $T_S$；从仪表控制参数设置界面读出比例度 $P$ 值，记为 $\delta_K$，按表7-4查出PI控制方式下的 $\delta$、$T_I$ 值；

⑨ 点击"仪表设置"按钮，进入仪表控制参数设置界面，点击"设置"按钮，将步骤⑧计算出的 $\delta$、$T_I$ 值重新设置到流量控制器中，参数设置完毕后单击"返回"按钮返回实验界面。再单击"清空数据"将数据库清空。

⑩ 点击"实时曲线"按钮进入实时曲线界面，点击实时曲线右下角的控制实验栏中的"开始"按钮，显示流量过渡曲线。待流量稳定后，按下流量自动/手动调节按钮"m3"选择流量自动控制方式，再待流量稳定后，将操作台面板上压力调节旋钮"m8"逆时针转动1圈对系统施加阶跃激励，流量阶跃幅度控制在 $\pm10\%$ 内，观察流量过渡曲线。

⑪ 待流量稳定后点击控制实验栏中的"停止"按钮，弹出流量自动/手动调节按钮"m3"，使系统回到手动控制状态；点击"数据处理"按钮进入数据处理界面，点击数据处理界面上的"数据处理"按钮弹出选择框，选择"数据库文件"选项后回车确认，数据处理界面显示出流量过渡曲线。使用曲线 $t$ 大小和曲线 $p$ 大小按钮，将曲线调整的最佳状态，然后打印或屏幕拷贝流量过渡曲线。

⑫ 点击数据处理界面"退出"按钮退出数据处理界面，点击实验程序界面的"退出"按钮退出实验程序。

⑬ 关闭水泵，完成实验。

### 7.3.5.2 采用过程装备与控制工程专业基本实验综合装置

① 打开阀门V02、V03、V04、V07、V09、V10、V11、V12，关闭其他所有阀门。

② 顺时针转动操作台面板（见图F-5）上的总控开关"n14"，启动控制台；按下流量自动/手动控制按钮"n3"置于自动位置，顺时针旋转"n8"旋钮，打开电动调节阀V14；逆时针旋转压力调节旋钮"n7"到底。

③ 启动工控机，在桌面上打开"实验程序"，选择"单回路流量控制实验"菜单，点击"进入"按钮，进入"单回路流量控制实验"界面。

④ 流量调节器控制参数整定。点击"仪表设置"按钮，弹出仪表控制参数设置界面，可分别设置流量给定值 $SV$、积分时间常数 $T_I$ 和微分时间常数 $T_D$，每设置完一个参数需按"确认"键。初步设置 $P=400$，$T_I$ 与 $T_D$ 为off。最后按"返回"键返回实验界面。单击"清空数据"将数据库清空。

⑤ 顺时针扳动选择开关"n13"，将水泵运行方式设置成变频运行方式，按下主水泵启动按钮"n10"启动变频器，顺时针旋转压力调节旋钮"n7"使主水泵出口压力 $p_{out}$ 升至0.4MPa左右。

⑥ 点击"实时曲线"按钮进入实时曲线界面，转动压力调节旋钮"n7"对系统施加阶跃激励，观察流量曲线形状。若流量曲线为衰减振荡曲线，则重新点击"仪表设置"按钮，将比例度 $P$ 减小后再次进入实时曲线界面，并点击参数整定栏的"开始"按钮，观察流量实时曲线；若流量曲线为发散振荡曲线，则重新点击"仪表设置"按钮，将比例度 $P$ 增大。直到流量曲线呈等幅振荡曲线时点击"停止"按钮。

⑦ 使用实时曲线界面上的 8 个曲线位移、曲线大小调整按钮,将等幅流量振荡曲线放大,读出曲线的振荡周期,记为 $T_K$;从仪表控制参数设置界面读出比例度 $P$ 值,记为 $\delta_K$,按表 7-4 查出 PI 或 PID 控制方式下的 $\delta$ 和 $T_I$ 值,并将其在仪表控制参数设置界面上输入到流量控制器中。

⑧ 点击控制实验栏中的"开始"按钮,调节操作台面板上的压力调节旋钮"n7"使压力改变 10%,施加阶跃激励,观察流量变化的过渡过程。

⑨ 点击控制实验栏中的"停止"按钮,结束实验并将实验数据写入数据库。

⑩ 运行数据处理程序,观察流量过渡曲线。

⑪ 重新进入"离心泵流量控制实验"界面,对流量调节器输入与整定参数不同的控制参数,观察流量过渡曲线的变化,分析 $\delta$、$T_I$ 及 $T_D$ 等参数的大小对过渡过程的影响。

⑫ 点击"退出"按钮,退出实验程序,关闭水泵。

### 7.3.6 数据记录和整理

① 利用临界比例度值 $\delta_K$ 在临界振荡曲线上找出临界振荡周期 $T_K$,并计算出相应的调节器的 $P$、$T_I$ 和 $T_D$,填入表 7-5。

② 在整定后的流量控制系统做出的流量过渡过程曲线上分别求出最大偏差 $A$、衰减比 $n$、余差、振荡周期及过渡时间 $t_s$ 等描述过渡过程的品质指标,填入表 7-6,并对过渡过程的品质进行评价。

表 7-5    临界比例度法整定数据

| 临界比例度 $\delta_K$ | | 振荡周期 $T_K$ | |
| --- | --- | --- | --- |
| 控制规律 | $\delta$ | $T_I$ | $T_D$ |
| P | | | |
| PI | | | |
| PID | | | |

表 7-6    流量控制系统过渡过程的品质指标

| 最大偏差 $A$/(L/s) | 衰减比 $n$ | 余差/(L/s) | 振荡周期/s | 过渡时间 $t_s$/s |
| --- | --- | --- | --- | --- |
| | | | | |

### 7.3.7 实验报告要求

① 写出实验目的、实验内容、临界比例度的整定步骤和对泵扬程施加阶跃激励的步骤。

② 填写实验数据表格。

③ 绘制在泵扬程的阶跃激励下的流量过渡过程曲线,写出计算过渡过程的品质指标的计算过程。

④ 回答思考题。

### 7.3.8 思考题

① 单回路流量控制系统在泵扬程阶跃激励作用下,比例度 $P$ 的大小对过渡过程会产生什么影响?

② 在泵扬程阶跃激励作用下,若调节器的比例度不变,积分常数 $I$ 的大小对过渡过程会产生什么影响?

# 7.4 单回路压力控制实验

## 7.4.1 实验目的

① 利用衰减曲线法对单回路压力控制系统进行整定，测定在阶跃激励作用下离心泵出口压力的过渡过程，评价控制系统的控制质量。

② 理解 PID 控制模型中的 $P$、$T_I$ 和 $T_D$ 对过渡过程的影响。

## 7.4.2 实验内容

① 采用衰减曲线法对压力控制系统进行整定，确定 PID 控制模型中的 $P$、$T_I$ 和 $T_D$。

② 对离心泵流量施加阶跃激励，测量离心泵出口压力的过渡过程曲线，计算控制系统的性能指标，评价压力控制系统的品质指标。

## 7.4.3 实验装置

本实验可分别采用下列实验装置。

① 过程设备与控制多功能综合实验台（见封四），该装置操作流程见图 F-1，操作台面板见图 F-2，图 7-17(a) 为本实验操作流程。

② 过程装备与控制工程专业基本实验综合装置（见封四），该装置操作流程见图 F-4，操作台面板见图 F-5，图 7-17(b) 为本实验操作流程。

## 7.4.4 实验原理

（1）压力控制系统工作原理

离心泵出口压力由压力变送器 PT 转换成电压信号 $P_m$ 输出至压力调节器 PC，压力调节器 PC 将压力测量信号 $P_m$ 与流量给定值 $P_s$ 比较后，按 PID 调节规律输出 4～20mA 控制信号 $u$，驱动交流变频器改变离心泵的转速，达到控制离心泵出口压力的目的。

单回路压力控制系统方框图如图 7-18 所示，压力控制系统中的被控变量 $y$ 为离心泵出口压力、操纵变量 $m$ 为离心泵转速、干扰变量 $f$ 为离心泵流量，靠改变流程图中的 V12 与 V13 实现。执行器为交流变频器与泵电动机的组合。

压力控制系统采用比例积分微分控制规律（PID）对压力进行控制。理想的 PID 调节规律的数学表达式为

$$\Delta u(t) = K_P \left[ e(t) + \frac{1}{T_I} \int_0^t e(t) \mathrm{d}t + T_D \frac{\mathrm{d}e(t)}{\mathrm{d}t} \right] \tag{7-11}$$

式中　$\Delta u$——调节器输出信号的变化量；

　　　$e$——调节器输入信号（偏差）；

　　　$K_P$——比例放大倍数；

　　　$T_I$——积分时间常数；

　　　$T_D$——微分时间常数。

当系统稳定时被控变量离心泵出口压力稳定在设定值附近，在 $t=0$ 时刻，对离心泵流量施加阶跃激励，离心泵出口压力就开始变化，并按衰减振荡的规律变化一段时间后逐渐趋于稳定，完成一次过渡过程。

（2）控制参数整定

压力调节器参数整定采用衰减曲线法，即在纯比例控制（积分和微分关闭）的情况下，将比例度 $\delta$ 从大到小进行设置（实验用压力调节器中比例度 $\delta$ 用 $P$ 表示，可从 150 开始递减），在每个 $P$ 值下用改变设定值 SV 的方法做一次阶跃激励，直到获得衰减比 $n=4:1$ 的衰减振荡过渡曲线（衰减比是同方向相邻的两个波峰之比，用 $n:1$ 表示）。此时的比例度为 $\delta_S$，振荡周期为 $T_S$，再根据表 7-7 查出调节器的比例度 $P$、积分时间 $T_I$ 和微分时间 $T_D$。

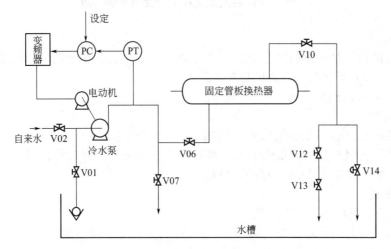

(a) 单回路压力控制实验流程图Ⅰ

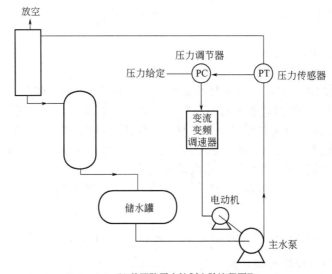

(b) 单回路压力控制实验流程图Ⅱ

图 7-17　单回路压力控制实验流程图

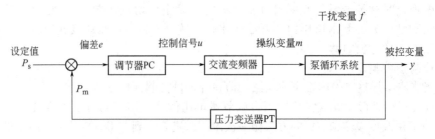

图 7-18　单回路压力控制系统方框图

表 7-7　衰减曲线法经验值

| 控制规律 | $\delta$ | $T_I$ | $T_D$ |
|---|---|---|---|
| P | $\delta_S$ | — | — |
| PI | $1.2\delta_S$ | $0.5T_S$ | — |
| PID | $0.8\delta_S$ | $0.3T_S$ | $0.1T_S$ |

### 7.4.5　实验步骤

#### 7.4.5.1　采用过程设备与控制多功能综合实验台

① 打开阀门 V05、V11，关闭其他所有阀门，将操作台面板上"m9"逆时针旋转到底关闭 V14，将阀门 V13 顺时针旋转到底，再逆时针转 1.5 圈。

② 灌泵。打开自来水阀门 V02，然后旋开冷水泵排气阀放净空气，待放完泵内空气后将其关闭，保证离心泵中充满水，最后关闭自来水阀门 V02。

③ 顺时针转动操作台面板（见图 F-2）上的总控开关"m14"启动操作台；将按键开关"m5"和"m6"置于弹出状态。

④ 开启工控机，进入过程设备与控制综合实验程序，选择"单回路压力控制实验"，进入实验程序界面。点击"仪表设置"按钮，弹出仪表控制参数设置界面，依次点击"设置"按钮，可设置压力调节器的 $P$、$T_I$ 和 $T_D$ 等控制参数。设置压力给定值 $SV=0.4MPa$，将 $T_I$ 和 $T_D$ 关闭（置零），$P$ 设置成 100，每设置完一个参数需按"确认"键；参数设置完毕后单击"返回"按钮返回实验界面。

⑤ 顺时针转动操作台面板上选择开关"m7"，将水泵运行方式设置成变频运行方式，按下主水泵启动按钮"m11"启动冷水泵。转动压力调节旋钮"m8"使压力表"m4"读数约为 0.4MPa，流量表"m2"读数约 1.5L/s（若不满足以上工况，则需反复调节 V12 和压力调节旋钮"m7"），然后按下压力自动/手动调节按钮"m5"将实验系统设置成压力自动控制方式。

⑥ 点击"实时曲线"按钮进入实时曲线界面，点击左下角的参数整定栏中的"开始"按钮，显示压力实时变化曲线。待压力稳定后，点击"仪表设置"按钮，进入仪表控制参数设置界面，点击"设置"按钮，修改压力设定值 $SV$，用改变设定值 $SV$ 的方法对系统施加阶跃激励，幅度控制在 $\pm10\%$ 内。每设置完一个参数需按"确认"键；参数设置完毕后单击"返回"按钮。观察压力过渡曲线形状；若压力过渡曲线的衰减比满足 $n=4:1$，点击参数整定栏中的"停止"按钮，转至步骤⑧。

⑦ 若压力过渡曲线的衰减比不满足 $n=4:1$，点击参数整定栏中的"停止"按钮，弹出压力自动/手动调节按钮"m5"，将实验系统还原成手动控制方式，使系统恢复到压力表"m4"读数约为 0.4MPa，流量表"m2"读数约 1.5L/s 的工况；再重新点击"仪表设置"按钮，进入仪表控制参数设置界面，点击"设置"按钮，减小比例度 $P$ 值，恢复压力设定值 $SV=0.4MPa$，然后重复步骤⑥。

⑧ 弹出压力自动/手动调节按钮"m5"，使系统回到手动控制状态；使用实时曲线界面上的"曲线位移""曲线大小"调节按钮，将 4:1 衰减振荡曲线放大，读出曲线的振荡周期 $T_S$；从仪表控制参数设置界面读出比例度 $P$ 值，记为 $\delta_S$，由表 7-7 查出 PI 或 PID 控制方式下的 $\delta$、$T_I$ 及 $T_D$ 值。

⑨ 点击"仪表设置"按钮，进入仪表控制参数设置界面，点击"设置"按钮，将步骤⑧中查出的 $\delta$、$T_I$ 及 $T_D$ 值重新设置到压力控制器中，参数设置完毕后单击"返回"按钮返

回实验界面。再单击"清空数据"将数据库清空。

⑩ 点击"实时曲线"按钮进入实时曲线界面，点击实时曲线右下角的控制实验栏中的"开始"按钮，显示压力过渡曲线。待压力稳定后，按下压力自动/手动调节按钮"m5"选择压力自动控制方式，再待压力稳定后，转动球阀 V12 对系统施加阶跃激励，压力阶跃幅度控制在±10%内，观察压力过渡曲线。

⑪ 待压力稳定后点击控制实验栏中的"停止"按钮，弹出压力自动/手动调节按钮"m5"，使系统回到手动控制状态；点击"数据处理"按钮进入数据处理界面，点击数据处理界面上的"数据处理"按钮弹出选择框，选择"数据库文件"选项后回车确认，数据处理界面显示出压力过渡曲线。使用曲线 $t$ 大小和曲线 $p$ 大小按钮，将曲线调整的最佳状态，然后打印或屏幕拷贝压力过渡曲线。

⑫ 点击数据处理界面"退出"按钮退出数据处理界面，点击实验程序界面的"退出"按钮退出实验程序。

⑬ 关闭水泵，完成实验。

### 7.4.5.2 采用过程装备与控制工程专业基本实验综合装置

① 打开阀门 V02、V03、V04、V07、V09、V10、V12，关闭其他所有阀门。

② 顺时针转动控制台面板上的总控开关"n14"启动控制台。

③ 流量自动/手动控制按钮"n3"置于手动位置，压力自动/手动控制按钮"n5"置于自动位置，逆时针旋转"流量调节"旋钮"n8"到底，使电动调节阀 V14 关闭。

④ 启动工控机，在桌面上打开"基本实验主程序"，选择"离心泵压力控制实验"菜单，点击"进入"按钮，进入"离心泵压力控制实验"界面。

⑤ 压力调节器控制参数整定。点击"仪表设置"按钮，弹出仪表控制参数设置界面，设置压力给定值 $SV=0.4MPa$，$T_I$ 和 $T_D$ 关闭（置零），$P$ 设置成 200，每设置完一个参数需按"确认"键；最后按"返回"键返回实验界面。单击"清空数据"将数据库清空。

⑥ 顺时针扳动选择开关"n13"，将水泵运行方式设置成变频运行方式，按下主水泵启动按钮"n10"启动变频器，离心泵开始运转。顺时针旋转流量调节旋钮"n8"使主水泵流量升至 0.4L/s 左右（观察操作台面板"n2"流量表显示值）。

⑦ 点击"实时曲线"按钮进入实时曲线界面，待流量稳定后转动流量调节旋钮"n8"对系统施加阶跃激励，观察压力过渡曲线形状。若压力过渡曲线的衰减振荡幅度大于 4:1，则重新点击"仪表设置"按钮，将 $P$ 减小，然后再次进入实时曲线界面并点击参数整定栏的"开始"按钮，观察压力实时过渡曲线；若压力过渡曲线小于 4:1 衰减振荡曲线，则重新点击"仪表设置"按钮，将 $P$ 增大，直到压力曲线呈 4:1 衰减振荡曲线时点击"停止"按钮。

⑧ 使用实时曲线界面上的 8 个曲线位移、曲线大小调节按钮，将 4:1 衰减振荡曲线放大，读出曲线的振荡周期，记为 $T_S$；从仪表控制参数设置界面读出 $P$ 值，记为 $\delta_S$，由表 7-7 查出 PI 或 PID 控制方式下的 $\delta$、$T_I$ 及 $T_D$ 值，并在仪表控制参数设置界面上将控制参数设置到压力控制器中。

⑨ 点击流量控制实验界面中的"开始"按钮，调节操作台面板上的流量调节旋钮"n8"对流量施加±10%的阶跃激励，观察压力变化的过渡过程。

⑩ 点击控制实验栏中的"停止"按钮，结束实验并将实验数据写入数据库；运行数据处理程序，观察压力变化曲线。

⑪ 重新进入"离心泵压力控制实验"界面，对压力调节器输入与整定参数不同

的控制参数，观察压力过渡曲线的变化，分析 $\delta$、$T_I$ 及 $T_D$ 等参数的大小对过渡过程的影响。

⑫ 点击"退出"按钮，退出实验程序，关闭水泵。

### 7.4.6　数据记录和整理

① 将采用衰减曲线法整定得到的 $\delta_S$ 和计算出的调节器的 $P$、$T_I$ 和 $T_D$，填入表 7-8。

② 在流量过渡曲线上分别求出最大偏差 $A$、衰减比 $n$、余差、振荡周期及过渡时间 $t_s$ 等描述过渡过程的品质指标，填入表 7-9，并对过渡过程的品质进行评价。

表 7-8　衰减曲线法整定数据

| 临界比例度 $\delta_S$ | | | |
|---|---|---|---|
| 控制规律 | $\delta$ | $T_I$ | $T_D$ |
| P | | | |
| PI | | | |
| PID | | | |

表 7-9　流量控制系统过渡过程的品质指标

| 最大偏差 $A$/(L/s) | 衰减比 $n$ | 余差/(L/s) | 振荡周期/s | 过渡时间 $t_s$/s |
|---|---|---|---|---|
| | | | | |

### 7.4.7　实验报告要求

① 写出实验目的、实验内容、衰减曲线法的整定步骤和对泵扬程施加阶跃激励的步骤。

② 填写实验数据表格。

③ 绘制在泵扬程的阶跃激励下的流量过渡曲线，写出计算过渡过程品质指标的计算过程。

④ 回答思考题。

### 7.4.8　思考题

① 离心泵流量控制系统在泵扬程阶跃激励作用下，比例度 $P$ 的大小对过渡过程会产生什么影响？

② 在泵扬程阶跃激励作用下，若调节器的比例度不变，积分常数 $I$ 的大小对过渡过程会产生什么影响？

③ 说明单回路流量控制实验和单回路压力控制实验的整定方法有什么不同。

# 7.5　换热器温度串级控制实验

### 7.5.1　实验目的

① 理解主回路和副回路在串级控制中担当的作用及温度串级控制的工作过程，了解模糊控制模型的基本算法。

② 测定在阶跃激励下，换热器出口温度的过渡过程。利用最大偏差、余差、衰减比、振荡周期和过渡时间等参数评价换热器出口温度控制系统的控制质量。

### 7.5.2　实验内容

① 采用试凑法对主回路换热器出口温度控制系统进行参数整定，确定 PID 控制模型中

的比例放大信数 $K_P$、积分时间常数 $T_I$ 和微分时间常数 $T_D$。

② 利用燃油炉开启和停止对换热器进口温度的影响对系统施加阶跃激励，测量换热器出口温度的过渡过程曲线，通过计算控制系统的性能指标，评价流量控制系统的品质指标。

### 7.5.3　实验装置

过程设备与控制多功能综合实验台（见封四），该装置操作流程见图 F-1，操作台面板见图 F-2。

### 7.5.4　实验原理

（1）换热器出口温度串级控制系统工作原理

换热器出口温度串级控制系统如图 7-19 所示，冷水泵从水槽中将冷水提升经换热器壳程回到水槽；热水泵从燃油炉中将热水输送至换热器管程，换热器管程出口处的温度为被控变量。

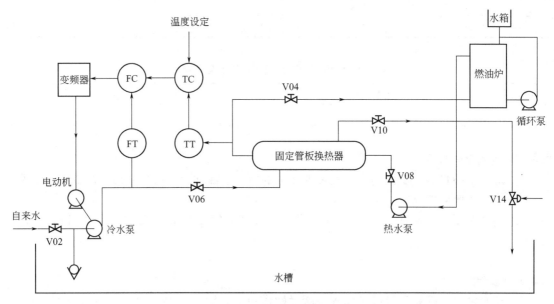

图 7-19　换热器出口温度串级控制实验系统图

换热器出口温度串级控制系统方框图如图 7-20 所示，换热器温度串级控制系统中主回路由温度变送器 TT、温度调节器 TC、流量调节器 FC、交流变频器、换热器壳程和换热器管程构成；副回路则由流量变送器 FT、流量调节器 FC、交流变频器和换热器管程构成。

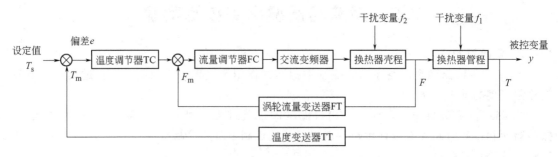

图 7-20　换热器出口温度串级控制系统方框图

图 7-20 中热电阻温度传感器 TT 将换热器管程出口温度转换成电阻信号后输出至温度调节器 TC，TC 将温度信号 $T_m$ 与温度设定值 $T_s$ 比较后，根据其偏差值 $e$ 的大小按模糊调节规律向流量调节器 FC 的设定端输出控制信号 $F_s$；同时安装在换热器壳程进口管路上的涡轮流量传感器 FT 将进入换热器壳程的冷水流量信号 $F_m$ 输出至流量调节器 FC，FC 将来自温度调节器 TC 的流量设定值 $F_s$ 和来自 FT 的冷水流量值 $F_m$ 比较后，根据其差值 $e$ 的大小按比例 PI 调节规律输出控制信号，驱动交流变频器改变离心泵的转速，控制换热器壳程的冷水流量，达到稳定换热器管程出口温度的目的。

在换热器温度串级控制系统中，主对象为换热器管程，副对象为换热器壳程。主变量为换热器管程出口温度 $T$，副变量为流过换热器壳程的冷水流量 $F$。干扰变量 $f_1$ 来自燃油炉间断加热造成的热水温度的波动，干扰变量 $f_2$ 来自人为调节换热器壳程回路中的阀门 V06。主调节器为温度调节器 TC，副调节器为流量调节器 FC。执行器为交流变频器与泵电动机的组合。

换热器温度串级控制采用计算机数字直接控制 DDC 方式，硬件系统如图 7-21 所示。计算机直接参与了控制系统中温度及流量信号的数据采集，完成温度调节器 TC 和流量调节器 FC 的控制算法，将计算结果通过 D/A 转换器输出到执行器。

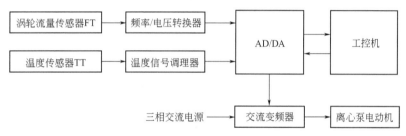

图 7-21　换热器温度串级控制系统硬件图

主调节器 TC 的控制算法采用模糊控制算法，计算结果输出到副调节器 FC 的设定端，副调节器 FC 将此设定值与冷水流量值进行比较得到偏差 $e$ 后，按 PID 控制算法计算控制输出，驱动变频器改变冷水泵电机转速，调节副回路冷水流量，通过换热器管程和壳程之间流体的热量交换达到控制换热器管程热水出口温度的目的。

（2）控制模型

主回路控制模型采用 PID 控制算法，同前，不再赘述。副回路控制模型采用模糊控制算法。选取换热器出口温度偏差 $E$ 和偏差变化率 $E_C$ 为输入变量，冷流体的流量值 $q_c$ 为输出变量，并将其作为副回路流量控制的给定值。分别采用 NB、NM、NS、ZO、PS、PM、PB 表示负大、负中、负小、零、正小、正中、正大概念，$E$、$E_C$ 和输出 $q_c$ 分别规定为下列模糊子集

$$E, E_C = \{NB, NM, NS, ZO, PS, PM, PB\}$$
$$q_c = \{NB, NM, NS, ZO, PS, PM, PB\}$$

它们的论域分别为

$$E, E_C = \{-3, -2, -1, 0, 1, 2, 3\}$$
$$q_c = \{0, 1, 2, 3, 4, 5, 6\}$$

$E$ 和 $E_C$ 的隶属度函数如图 7-22 所示，$q_c$ 的隶属度函数如图 7-23 所示。

根据一般换热器的模糊规则，可以得到输出变量 $q_c$ 的模糊控制规则，如表 7-10 所示；再利用 Mamdani 模糊推理方法，可得流量输出 $q_c$ 的模糊规则查询表，如表 7-11 所示。

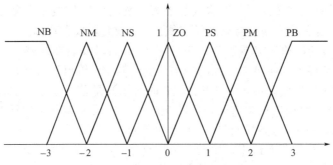

图 7-22　$E$ 和 $E_C$ 的隶属度函数

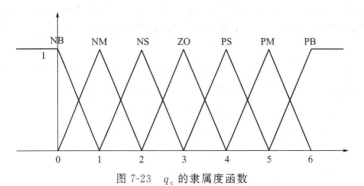

图 7-23　$q_c$ 的隶属度函数

**表 7-10　流量输出 $q_c$ 的模糊控制规则表**

| $q_c$ ╲ $E$<br>$E_C$ | NB | NM | NS | ZO | PS | PM | PB |
|---|---|---|---|---|---|---|---|
| NB | NS | NM | NM | NB | NB | NB | NB |
| NM | NS | NS | NM | NM | NB | NB | NB |
| NS | ZO | NS | NS | NM | NM | NM | NB |
| ZO | PM | PS | ZO | ZO | NS | NS | NM |
| PS | PB | PM | PS | PS | ZO | ZO | NS |
| PM | PB | PB | PB | PB | PB | PM | PS |
| PB | PB | PB | PB | PB | PB | PB | PM |

**表 7-11　流量输出 $q_c$ 的模糊控制规则查询表**

| $q_c$ ╲ $E$<br>$E_C$ | $-3$ | $-2$ | $-1$ | 0 | 1 | 2 | 3 |
|---|---|---|---|---|---|---|---|
| $-3$ | 2 | 1 | 1 | 0 | 0 | 0 | 0 |
| $-2$ | 2 | 2 | 1 | 1 | 0 | 0 | 0 |
| $-1$ | 3 | 2 | 2 | 1 | 1 | 1 | 0 |
| 0 | 5 | 4 | 3 | 3 | 2 | 2 | 1 |
| 1 | 6 | 5 | 4 | 4 | 3 | 3 | 2 |
| 2 | 6 | 6 | 6 | 6 | 6 | 5 | 4 |
| 3 | 6 | 6 | 6 | 6 | 6 | 6 | 5 |

在本实验系统中，通过调节冷流体的流量值来控制换热器热物料出口温度，当冷水流量值较小时，换热器出口温度会很快升高，随着流量值的增大，换热器物料出口温度会随之下降。冷水流量值作为输出量给出了 7 种输出状态，所代表的实际控制作用如表 7-12 所示。表 7-12 所示百分数为实际管路流量与管路所能达到的最大流量值的百分比。本实验中冷水最大流量值为 2.0L/s。

**表 7-12　副回路流量输出整定表**

| 控制量等级 | 0 | 1 | 2 | 3 | 4 | 5 | 6 |
|---|---|---|---|---|---|---|---|
| 流量设定值 | 14% | 28% | 42% | 56% | 70% | 84% | 98% |

（3）主调节器控制参数整定

主调节器的 PID 参数整定采用试凑法，即根据经验设置 PID 参数并将控制参数设置到实验界面上"主回路参数设置栏"中，如图 7-24 所示。主回路参数设置栏中，$K_P$ 大控制作用强，反之控制作用弱。$K_P$ 太大系统会产生振荡。$T_I$ 为积分时间常数，$T_I$ 小消除余差的作用强，反之消除余差的作用弱。若 $T_I$ 太小系统会产生振荡，$T_I = 0$ 则取消积分作用。$T_D$ 为微分时间常数，$T_D$ 大系统超前控制作用强，反之系统超前控制作用弱。$T_D = 0$ 则取消微分作用。

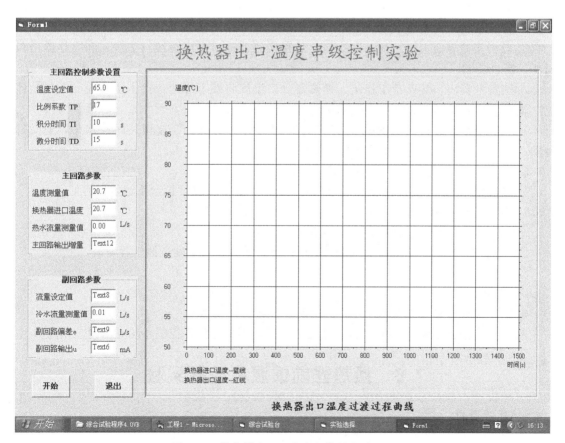

图 7-24　换热器出口温度串级控制实验界面

### 7.5.5　实验步骤

① 打开阀门 V06、V10、V08，其他所有阀门处于关闭状态。

② 灌泵。打开自来水阀门 V02，然后旋开冷水泵放气阀放净空气，待泵内空气排净后将其关闭放气阀，最后关闭 V02。

③ 顺时针转动操作台面板上的总控开关"m14"，启动操作台。

④ 启动热水燃油炉。

⑤ 开启工控机，进入过程设备与控制综合实验程序，选择换热器温度串级控制实验进入实验界面，见图 7-24。

⑥ 将操作台面板上的按键开关"m3"和"m5"置于弹出状态，按下控制方式选择按钮"m6"选择 DDC 控制方式。

⑦ 按下燃油炉上的"Enter"按钮启动燃油炉，顺时针转动操作台面板上的开关"m12"启动循环泵。待燃油炉热水温度达到 80℃ 自动停机后，逆时针转动开关"m12"关闭循环泵，顺时针转动开关"m13"启动热水泵。调节阀门 V04，使热水流量为 0.2L/s（见实验界面上"主回路参数"栏内的热水流量测量值）。

⑧ 在图 7-24 控制程序主界面的"主回路控制参数设置"栏中用鼠标选中待设置参数的数字框，分别对温度设定值（60～65℃）、比例放大倍数 $K_P$（15～20）、积分时间常数 $T_I$（8～20s）、微分时间常数 $T_D$（10～20s）等参数进行设置。

⑨ 顺时针转动操作台面板上的开关"m7"至"变频运行"位置，按下操作台面板上的"m11"绿色按钮，启动冷水泵。

⑩ 点击实验界面上的"开始"按钮，观察换热器进口温度曲线（蓝线）和换热器出口温度过渡曲线。

⑪ 当换热器出口温度趋于稳定，换热器进口温度将要下降时，点击实验界面上的"停止"按钮，停止实验，屏幕拷贝或打印实验曲线。

⑫ 实验结束后点击退出按钮，退出实验程序。按下"m10"按钮关闭冷水泵，逆时针转动"m12"和"m13"，关闭热水泵和循环泵。

### 7.5.6　数据记录和整理

分析当换热器进口温度稳定时，冷水流量出现干扰后，温度控制系统是如何工作的。

### 7.5.7　实验报告要求

① 写出实验目的、实验内容、实验步骤。

② 绘制在管程热水温度的阶跃激励下的换热器管程出口温度过渡过程曲线。

③ 回答思考题。

### 7.5.8　思考题

① 在串级温度控制系统中，主、副回路各自起何种作用？

② 分析当干扰变量 $f_1$ 和 $f_2$ 同时出现时，换热器串级温度控制系统是如何工作的？

# 7.6　换热器前馈温度控制实验

### 7.6.1　实验目的

① 理解前馈控制系统的基本原理和前馈温度控制的工作过程。

② 采用试凑法对 PID 调节规律进行参数整定，测定在阶跃激励下换热器管程出口温度的过渡过程，评价控制系统的控制质量。

### 7.6.2 实验内容

① 采用试凑法对换热器出口温度前馈控制系统进行参数整定，确定 PID 控制模型中的比例放大倍数 $K_P$、积分时间常数 $T_I$ 和微分时间常数 $T_D$。

② 利用管程热水温度的变化施加干扰，测量换热器出口温度的过渡过程曲线，通过计算控制系统的性能指标，评价流量控制系统的品质指标。

③ 在控制系统主界面上进行换热器出口温度的设定，并在 PID 控制模型中通过设置不同的 $P$、$T_I$、$T_D$ 等控制参数，观察参数大小对过渡过程品质指标的影响。

### 7.6.3 实验装置

过程设备与控制多功能综合实验台（见封四），该装置操作流程见图 F-1，操作台面板见图 F-2。

### 7.6.4 实验原理

换热器前馈温度控制实验流程如图 7-25 所示，换热器壳程走冷水，管程走热水。由热水泵将燃油炉中的热水从换热器管程 $a$ 端送入，从换热器管程 $b$ 端流出。

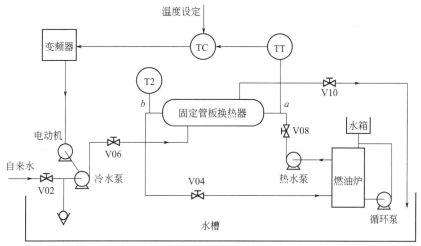

图 7-25　换热器前馈温度控制实验流程图

图 7-26 为换热器前馈温度控制实验系统图，控制系统的被控变量为换热器管程 $b$ 点的热水温度 T2，操纵变量为流过换热器壳程的冷流体流量 $q_v$、干扰为管程进口温度变化 $f$，执行器为变频器与泵电机的组合。

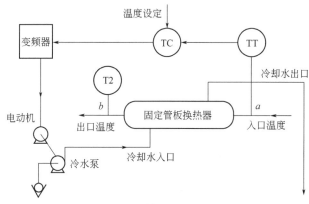

图 7-26　换热器前馈温度控制实验系统图

换热器前馈温度控制系统方框图如图 7-27 所示，控制系统为开环控制系统。PID 前馈补偿器按 PID 控制算法计算输出控制信号，驱动变频器改变冷水泵电机转速，调节换热器壳程冷水流量，通过换热器管程和壳程之间流体的热量交换达到控制换热器管程出口热水温度 $T_2$ 的目的。

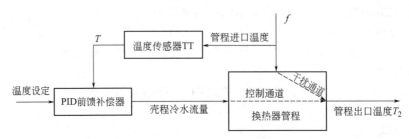

图 7-27　换热器前馈温度控制系统方框图

前馈补偿器采用数字式 PID 调节器，其控制算法是将连续的 PID 控制规律离散化。数字式 PID 的具体算法可参考 DDC 编程实验。

实验中的 PID 参数整定采用试凑法。经验试凑法是根据被控变量的性质，在已知的参数（经验参数）范围内选择一组适当的值作为调节器当前的参数值，在运行的系统中，施加阶跃激励，通过观察记录仪表上的过渡过程曲线，并以 $K_P$、$T_I$、$T_D$ 对过渡过程的影响为指导，按照某种顺序反复试凑 $K_P$、$T_I$、$T_D$ 的大小，直到获得满意的过渡过程曲线为止。

### 7.6.5　实验步骤

①　将实验台控制方式设置为 DDC 方式，流量控制和压力控制设置为手动，冷水泵启动方式设为变频启动，并打开冷水泵电源，将热水泵和循环泵设定为开启状态。

②　在控制程序主界面上按照实验台上的温度显示值设定换热器管程出口温度，并输入参数 $K_P$、$T_I$、$T_D$ 的值。

③　在控制程序主界面上点击开始按钮，之后需对冷水泵进行灌泵。

④　打开热水炉将管程进口温度提高，造成人为干扰，观察换热器管程出口温度的恢复过程。

⑤　当换热器管程出口温度稳定后，鼠标点击记录开始按钮，开始记录数据。

⑥　点击数据查看菜单，进行数据导出，最后点击退出按钮，退出控制系统。

### 7.6.6　数据记录和整理

①　利用经验试凑法分别对 P、PI 和 PID 调节规律进行参数整定，找出相应的调节器参数，填入表 7-13。

表 7-13　经验试凑法整定数据

| 控制规律 | $K_P$ | $T_I$ | $T_D$ |
| --- | --- | --- | --- |
| P |  |  |  |
| PI |  |  |  |
| PID |  |  |  |

②　在整定后的换热器管程出口温度控制系统做出的换热器管程出口温度过渡过程曲线上分别求出最大偏差 $A$、衰减比 $n$、余差、振荡周期及过渡时间 $t_s$ 等描述过渡过程的品质指标，填入表 7-14，并对过渡过程的品质进行评价。

表 7-14　换热器管程出口温度前馈控制系统过渡过程的品质指标

| 最大偏差 $A$/(L/s) | 衰减比 $n$ | 余差/(L/s) | 振荡周期/s | 过渡时间 $t_s$/s |
|---|---|---|---|---|
| | | | | |

#### 7.6.7　实验报告要求

① 写出实验目的、实验内容、经验试凑法的整定步骤和对管程进口温度施加激励的步骤。

② 填写实验数据表格。

③ 绘制在管程进口温度的激励下的换热器管程出口温度过渡过程曲线，写出计算过渡过程品质指标的计算过程。

④ 回答思考题。

#### 7.6.8　思考题

① 前馈控制系统采用开环控制方式，此方式与闭环控制系统比较有何特点？

② 前馈控制系统的控制通道和干扰通道的作用是什么？

③ 若前馈控制系统的控制效果不理想，可采取什么改进措施？

④ 前馈控制系统的主要结构形式有哪些？分别适应什么场合？

# 7.7　DDC 编程实验

#### 7.7.1　实验目的

① 了解计算机数字直接控制 DDC 的工作过程，掌握 PID 调节规律数字化的方法。

② 编写增量式 PID 算法的程序，用于单回路压力控制系统，并测定在阶跃激励下被控变量的过渡过程。

#### 7.7.2　实验内容

使用 VB 编写增量式 PID 算法的程序模块，编写控制程序主界面及 AD 数据采集和 DA 数字输出程序，用于离心泵压力控制或流量控制以及前馈温度控制系统，并测定在阶跃激励下被控变量的过渡过程，评价控制系统的控制质量。

#### 7.7.3　实验装置

过程设备与控制多功能综合实验台（见封四），该装置操作流程见图 F-1，操作台面板见图 F-2。

#### 7.7.4　实验原理

（1）DDC 系统的主要功能

在 DDC 系统中，微型计算机直接参与了闭环控制过程。它的操作功能包括：使用 AD 转换器采集被控变量数值，即被控变量的采样，得到与被控变量相对应的数值量 $y_m$；从程序主界面上读取被控变量的设定值 $y_s$，计算偏差 $e = y_s - y_m$；执行控制算法程序，并将计算结果输出到 DA 转换器，把数字量的计算结果转换成模拟信号，送到执行器（变频器或调节阀）去执行。最后通过整定确定控制算法中的控制参数，如 PID 控制模型中的 $K_P$、$T_I$ 和 $T_D$，测定在阶跃激励下被控变量的过渡过程。

（2）增量式 PID 控制算法

在计算机控制系统中使用的是数字 PID 控制器，其控制算法是将连续的 PID 控制规律离散化

$$\Delta u(t) = K_P \left[ e(t) + \frac{1}{T_I} \int_0^t e(t) \mathrm{d}t + T_D \frac{\mathrm{d}e(t)}{\mathrm{d}t} \right] \tag{7-12}$$

按式(7-12)，以一系列的采样时刻点 $kT$ 代表连续时间，以和式代替积分，以增量代替微分，可得到离散后的数字 PID 算法

$$u(k) = K_P \left\{ e(k) + \frac{T}{T_I} \sum_{i=0}^{k} e(i) + \frac{T_D}{T} [e(k) - e(k-1)] \right\} \tag{7-13}$$

式中　　$K_P$——比例放大倍数；

$T_I$——积分时间常数；

$T_D$——微分时间常数；

$T$——采样周期；

$k$——采样序号，$k = 0，1，2，\cdots$；

$u(k)$——第 $k$ 次采样时刻的计算机输出值；

$e(k)$——第 $k$ 次采样时刻输入的偏差值；

$e(k-1)$——第 $(k-1)$ 次采样时刻输入的偏差值。

当执行机构需要的是控制量的增量时，可用导出增量式的 PID 控制算式。PID 运算的输出增量为前后两次采样所计算的位置值之差值

$$\Delta e(k) = e(k) - e(k-1) \tag{7-14}$$

根据式(7-13) 有

$$\Delta u(k) = K_P [e(k) - e(k-1)] + K_I e(k) + K_D [e(k) - 2e(k-1) + e(k-2)]$$

式中　　$K_I$——积分系数，$K_I = \dfrac{K_P T}{T_I}$；

$K_D$——微分系数，$K_D = \dfrac{K_P T_D}{T}$。

由式(7-14) 增量式 PID 的输出可写成

$$\Delta u(k) = K_P \Delta e(k) + K_I e(k) + K_D [\Delta e(k) - \Delta e(k-1)] \tag{7-15}$$

式(7-15) 称为增量式 PID 算法。

由于计算机控制系统采用恒定的采样周期 $T$，一旦确定了 $K_P$、$K_I$、$K_D$，只要使用前后 3 次测量值的偏差，即可由式(7-15) 求出控制的增量值。

### 7.7.5　实验步骤

① 使用 VB 编写控制程序主界面，在窗体上应能写入设定值、$K_P$、$K_I$、$K_D$ 以及显示被控变量的实时记录曲线。

② 参考数采卡说明书编写被控变量的采样程序，被控变量的通道号可查阅实验装置使用说明书中的参数表。

③ 参考增量式 PID 控制算法程序框图，编写数字 PID 控制算法程序。

④ 将实验台控制方式设置为 DDC 方式，流量控制和压力控制设置为手动，冷水泵启动方式设为变频启动，并打开冷水泵电源。

⑤ 在控制程序主界面上设置被控变量的设定值和控制参数 $K_P$、$K_I$、$K_D$ 值，进行程序调试。

⑥ 参照前面实验中对被控变量施加阶跃激励的方法，对控制系统施加阶跃激励，测定被控变量的过渡过程曲线。

### 7.7.6 实验报告要求

① 写出实验目的、实验内容、控制模型原程序清单及注释。

② 写出控制程序上机调试的过程。

③ 执行经过调试后的控制程序，绘制在阶跃激励下，被控变量的过渡过程曲线。

④ 回答思考题。

### 7.7.7 思考题

① DDC 系统中周期 $T$ 的大小对控制系统产生什么影响？

② 增量式 PID 的特点是什么？

# 附录 过程装备与控制工程专业实验设备

过程装备与控制工程专业实验教学指导思想是让学生"在实验中思考，在思考中创新，在创新中成长"。实验教学理念是"通过实验，巩固理论知识；依靠实验，提高动手能力；结合实验，强化创新意识；利用实验，培养科研素质"。依靠先进的实验教学指导思想和教学理念，根据过程装备与控制工程专业特点和基本要求，编著者成功研制开发出了多功能综合实验装置。这些多功能实验装置既是教学实验装置，又是科研的实验平台。采用多功能综合实验装置能够显著减少专业实验装置投资，有效提高装置的利用率；同时通过开发设计型和研究型实验，培养学生的动手能力、创新意识和科研素养。目前这些多功能综合实验装置已取得了国内实用新型专利并已在全国高校中推广使用。

实验设备

## F.1 过程设备与控制多功能综合实验台

过程设备与控制多功能综合实验台（实物照片见封四）是专门为过程装备与控制工程专业研制的教学实验装置，并已取得国家专利（ZL200720148946.8）。实验装置由动力系统（电机和多级泵）、换热系统、加热系统、数据采集系统、测试系统以及控制系统等组成，是一套实用性很强的实验装置，它不仅能够满足本科生教学实验的要求，还能为换热器的结构设计、性能检测、微机自动控制等多方面的科研工作提供硬件及软件平台。实验台在硬件和软件方面涉及了变频控制技术；压力、流量、温度、转速及转矩的测试技术；微机数据采集技术和过程控制技术；微机通信技术等，是比较典型的集过程、设备及控制于一体的多学科交叉实验装置。

### F.1.1 过程设备与控制多功能综合实验台的实验项目

① 离心泵性能测定实验；
② 离心泵汽蚀性能测定实验；
③ 调节阀流量特性测定实验；
④ 换热器换热性能实验；
⑤ 流体传热系数测定实验；
⑥ 换热器管程和壳程压力降测定实验；
⑦ 换热器壳体热应力测定实验；
⑧ 单回路压力控制实验；
⑨ 单回路流量控制实验；
⑩ 换热器温度串级控制实验。

### F.1.2 过程设备与控制多功能综合实验台的特点

（1）实验功能多、综合性能强

实验台有机地结合了传统的化机实验（如离心泵性能测定实验、应力测定实验）、工艺性能实验（如换热实验、流体传热系数测定实验、压力降测试实验）和各种参数控制实验（如压力、温度、流量控制等），真正做到了一机多用。另外，实验台组件均为工业上应用的实际设备，学生通过实验不仅能够获得相应的实验结果，还能够对实验装置上的工业用泵、换热器、阀门、各类传感器及其他检测与控制仪表得到感性认识。

（2）实验方案多、学生参与性强

实验装置上的管路阀门布置完善，各类检测传感器设置周全，因此学生可以自己选择或设计实验方案，大大提高了学生的参与性，增加了实验内容的多样性。

（3）可拆换组件多、与科研的互动性强

实验装置上的泵、换热器、阀门及各种控制、检测元件可以自由拆换，因此，在实验台上可以进行多项科研工作。研究结果反过来又可以用于本科教学。

（4）对学生开放实验

可进行计算机数字直接控制（DDC）编程和实验。

**F.1.3 过程设备与控制多功能综合实验台流程**

过程设备与控制多功能综合实验台流程如图 F-1 所示，流程图中"○"表示参数测量传感器，"○"中字符含义见图注。

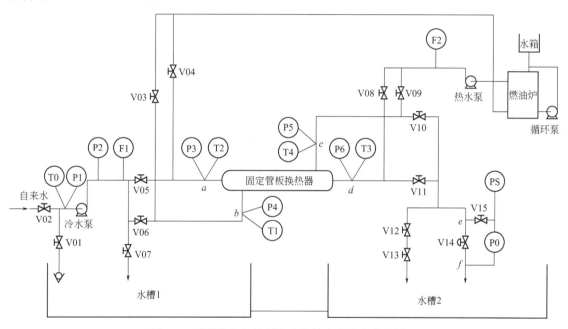

图 F-1 过程设备与控制多功能综合实验台流程图

P0—调节阀两端差压；P1—冷水泵进口压力；P2—冷水泵出口压力；P3—换热器管程出口压力；

P4—换热器壳程进口压力；P5—换热器壳程出口压力；P6—换热器管程进口压力；PS—压力开关；

T0—冷水泵进口温度；T1—换热器壳程进口温度；T2—换热器管程出口温度；T3—换热器管程进口温度；

T4—换热器壳程出口温度；F1—冷水泵流量；F2—热水泵流量；V14—电动调节阀

**F.1.4 过程设备与控制多功能综合实验台操作台**

过程设备与控制多功能综合实验台的操作台内安装有电气控制系统、离心泵变频调速系统、压力和温度工业调节器、工控机和数据采集系统等。操作台面板如图 F-2 所示。

**F.1.5 过程设备与控制多功能综合实验台控制系统**

过程设备与控制多功能综合实验台控制系统由计算机数据采集单元、控制仪表单元和交流变频器、电动调节阀执行单元等部分组成，控制系统框图如图 F-3 所示。控制系统设计成分布式控制（DCS）和计算机直接数字控制（DDC）两种控制模式，当 K1 断开 K2 闭合时为分布式控制（DCS）模式，当 K1 闭合 K2 断开时为计算机直接数字控制（DDC）模式。

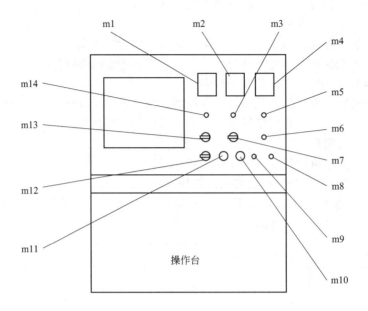

图 F-2　过程设备与控制多功能综合实验台操作面板图

m1—管程出口温度显示；m2—冷水泵流量显示；m3—流量自动/手动调节按钮，弹起时为手动，
按下后为自动；m4—冷水泵出口压力显示；m5—压力自动/手动调节按钮，弹起时为手动，按下
后为自动；m6—控制方式选择按钮，弹起时为分布式控制（DCS），按下后为计算机直接数字控制（DDC）；
m7—水泵运行方式开关，向上为工频运转方式，向右为变频调速运转方式，中间为空挡；m8—压力
调节旋钮（调节冷水泵的转速）；m9—流量调节旋钮（调节电动调节阀的开度）；m10—冷水泵关闭按钮；
m11—冷水泵启动按钮；m12—循环泵开关按钮，顺时针转为开启，逆时针转为关闭；m13—热水泵
开关按钮，顺时针转为开启，逆时针转为关闭；m14—总控制开关，顺时针转为开启，逆时针转为关闭

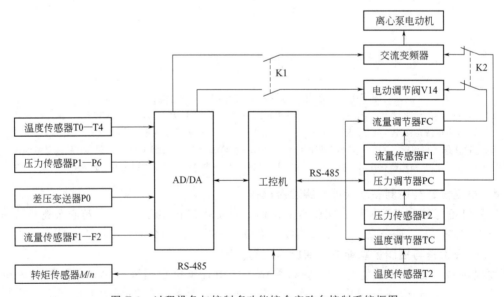

图 F-3　过程设备与控制多功能综合实验台控制系统框图

# F.2 过程装备与控制工程专业基本实验综合装置

过程装备与控制工程专业基本实验综合装置（实物照片见封四）也是专门为过程装备与控制工程专业研制的教学实验装置，并且已取得国家实用新型专利（ZL200720148945.3）。实验装置硬件部分由内压容器、高位水箱、离心泵、电动调节阀、变频器、流量及压力传感器、操作台等部件组成；软件部分包括各种自动检测、控制与通信技术等。

## F.2.1 实验项目

① 内压薄壁容器应力测定实验；

② 外压薄壁容器稳定性及爆破片爆破实验；

③ 离心泵性能测定实验；

④ 水槽液位对象特征参数测定实验；

⑤ 单回路压力控制实验；

⑥ 单回路流量控制实验。

## F.2.2 实验装置特点

（1）结构紧凑、布置巧妙

整个实验装置占地面积仅约 $8m^2$，很好地解决了分散实验装置需要实验室面积多的难题；装置中各部件布置巧妙，形成了一个完美的闭路系统。

（2）实验项目多、装置利用率高

该实验装置能做 6 个过程装备与控制工程专业的基本实验，装置的利用率高，综合性能好，符合目前国家对本科实验装置的要求。

（3）外观优美、落落大方

实验装置主体结构全由不锈钢制造，并经抛光处理，外观非常优美；实验装置大小适中，操作方便。

（4）自动化程度高、技术性能好

实验时所有的检测数据均由计算机自动采集和处理，检测、控制元件精度高、技术性能好。

（5）对学生开放实验

可进行计算机直接控制（DDC）编程和实验。

## F.2.3 过程装备与控制工程专业基本实验综合装置实验流程

过程装备与控制工程专业基本实验综合装置实验流程如图 F-4 所示。

## F.2.4 过程装备与控制工程专业基本实验综合装置操作台

过程装备与控制工程专业基本实验综合装置操作台如图 F-5 所示。

## F.2.5 过程装备与控制工程专业基本实验综合装置控制系统

过程装备与控制工程专业基本实验综合装置的控制系统由计算机数据采集单元、控制仪表单元和交流变频器、电动调节阀执行单元等部分组成，控制系统框图如图 F-6 所示。与过程设备与控制多功能综合实验台类似，控制系统也设计成分布式控制（DCS）和计算机直接数字控制（DDC）两种控制模式，当 K1 断开 K2 闭合时为分布式控制（DCS）模式，当 K1 闭合 K2 断开时为计算机直接数字控制（DDC）模式。

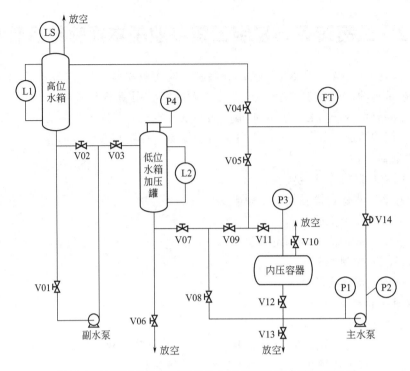

图 F-4　过程装备与控制工程专业基本实验综合装置流程图

P1—主水泵进口压力；P2—主水泵出口压力；P3—内压容器内部压力；P4—加压罐内部压力；

L1—低位水箱液位；L2—高位水箱液位；LS—液位开关；FT—主水泵出口流量；V14—电动调节阀

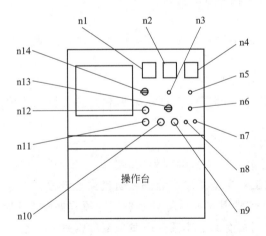

图 F-5　过程装备与控制工程专业基本实验综合装置操作台

n1—主水泵转速显示；n2—主水泵流量显示；n3—流量控制按钮，弹起时为手动控制，

按下后为自动控制；n4—主水泵出口压力显示；n5—压力控制按钮，弹起时为手动控制，

按下后为自动控制；n6—控制方式按钮，弹起时为 DCS 控制方式，按下后为 DDC 控制方式；

n7—压力调节旋钮（调节主水泵的转速）；n8—流量调节旋钮（调节电动调节阀的开度）；

n9—主水泵关闭按钮；n10—主水泵启动按钮；n11—副水泵关闭按钮；n12—副水泵启动按钮；

n13—主水泵运行方式选择开关，垂直方向为工频运转方式，水平为变频调速运转方式，中间为空挡；

n14—总控制开关，顺时针转为开启，逆时针转为关闭

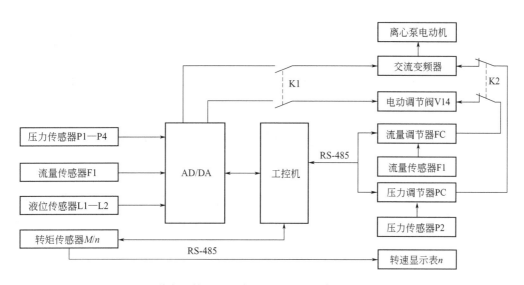

图 F-6　过程装备与控制工程专业基本实验综合装置的控制系统框图

# F.3　过程装备安全综合实验装置

过程装备安全综合实验装置（实物照片见封三）由小型活塞式压缩机、压缩机排气测量装置、安全阀泄放测量装置等部分综合而成。该实验装置将往复式压缩机性能测试和阀门特性测试实验有机地融为一体，适用于过程装备与控制工程专业和安全工程专业的本科生实验。

**F.3.1　过程装备安全综合实验装置的实验项目**

　　① 复式压缩机性能曲线测试实验；

　　② 往复式压缩机闭式示功图实验；

　　③ 安全阀泄放性能测定实验。

**F.3.2　过程装备安全综合实验装置的特点**

过程装备安全综合实验装置综合性能好、装置利用率高。实验装置能开出 3 个专业实验，适用于过程装备与控制工程专业和安全工程专业的本科生实验，符合目前国家对本科实验装置的要求。实验装置主体结构全部采用不锈钢制造，并经抛光处理，外观优美大小适中。实验检测数据均由计算机自动采集和处理，实验操作方便。

# F.4　压力容器综合实验装置

压力容器综合实验装置（实物照片见封三）由两台卧式容器（含锥形封头、椭圆封头、球形封头、平板封头）、一台立式容器、加压泵和计算机压力数据采集系统构成。该实验装置适用于过程装备与控制工程专业和安全工程专业的本科生实验，符合目前国家对本科实验装置的要求。

**F.4.1　压力容器综合实验装置的实验项目**

　　① 椭圆封头、球形封头、锥形封头和平板封头在内压作用下的应力分布测试实验；

　　② 压力 $p$ -应变 $\varepsilon$ 的线性回归实验；

　　③ 外压容器稳定性实验；

　　④ 爆破片爆破实验。

**F.4.2 压力容器综合实验装置的特点**

压力容器总额实验装置集成了锥形封头、椭圆封头、球形封头、平板封头等多种形式的封头，实验内容丰富，操作方便，可靠性高，装置利用率高。实验装置由不锈钢制造，并经抛光处理，外观优美；实验装置大小适中，操作方便。实验数据检测均由计算机自动采集和处理，精度高、稳定性好。

# F.5 阀门流量特性综合实验装置

阀门流量特性综合实验装置（实物照片见封三）由不锈钢多级立式离心泵、各式调节阀门、不锈钢管路及压力、流量、差压变送器等数据采集系统综合而成。该实验装置将阀门、离心泵等设备的特性及性能测定实验和压力/流量控制实验有机地融为一体，适用于过程装备与控制工程专业本科生实验，符合目前国家对本科实验装置的要求。

**F.5.1 阀门流量特性综合实验装置的实验项目**

① 等百分比型阀门的理想流量特性和工作流量特性实验；

② 直线型阀门的理想流量特性和工作流量特性实验；

③ 快开型阀门的理想流量特性和工作流量特性实验；

④ 离心泵性能测定实验；

⑤ 单回路压力控制实验；

⑥ 单回路流量控制实验。

**F.5.2 阀门流量特性综合实验装置的特点**

阀门流量特性综合实验装置主体结构全部采用不锈钢制造，并经抛光处理，外观优美大小适中。实验检测数据均由计算机自动采集和处理，实验操作方便。该实验装置将阀门、离心泵等设备的特性及性能测定实验和压力/流量控制实验有机地融为一体，实验项目多、装置利用率高、综合性能好实验项目多、装置利用率高、综合性能好。

**F.5.3 阀门流量特性综合实验装置操作台**

操作台面板如图 F-7 所示。

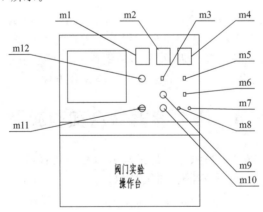

图 F-7 阀门流量特性综合实验装置操作台面板

m1—水泵出口温度显示；m2—水泵流量显示；m3—流量自动/手动调节按钮，弹起时为手动，按下后为自动；m4—水泵出口压力显示；m5—压力自动/手动调节按钮，弹起时为手动，按下后为自动；m6—控制方式选择按钮，弹起时为分布式控制（DCS），按下后为计算机直接数字控制（DDC）；m7—流量调节旋钮（调节电动调节阀的开度）；m8—压力调节旋钮（调节冷水泵的转速）；m9—水泵启动按钮；m10—水泵关闭按钮；m11—水泵运行方式开关，向上为工频运转方式，向右为变频调速运转方式，中间为空挡；m12—总控制开关，顺时针转为开启，逆时针转为关闭

# F.6 过程装备与控制工程专业实验仿真软件介绍

实验仿真是指对实验过程和相关设备进行计算机模拟,它有助于克服实验台数少、实验课时有限的矛盾。同时,将实验仿真和实际装置实验结合起来,更能达到提高学生学习兴趣、增加学生参与性、扩大学生知识面的作用。对于机械类专业实验,实验装置往往比较昂贵,且结构复杂,操作与控制开关多。在使用实际装置实验之前进行仿真实验,可以提高专业实验教学质量,还可以起到提高实验效率、保护实验设备的作用。本软件针对北京化工大学自行研制的"过程设备与控制多功能综合实验装置"和"过程装备与控制工程专业基本实验综合装置"中部分实验进行仿真。

## F.6.1 实验仿真过程及要求

本实验仿真软件能完成的仿真实验包含离心泵性能测定、薄壁容器外压失稳、换热器换热性能、流体传热系数测定、换热器管程及壳程压力降测定等六个实验。

### F.6.1.1 实验仿真过程

该仿真软件的操作主界面如图 F-8 所示。通过点击"选择实验"按钮,弹出实验类别界面,共包含了六个实验,如图 F-9 所示。图 F-10 为登录界面,图 F-11 为控制面板。各仿真实验的具体操作步骤见 F.6.2 节。另外,仿真软件还提供了操作视频,供参考。

图 F-8　实验仿真软件主界面

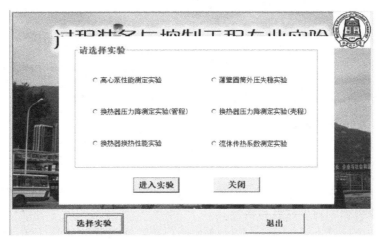

图 F-9　实验类别

图 F-10 个人信息界面

图 F-11 控制面板

**F. 6. 1. 2 实验报告内容**

 ① 实验名称；

 ② 实验装置；

 ③ 实验原理；

 ④ 实验步骤；

 ⑤ 实验结果。

## F. 6. 2 实验操作步骤

（1）离心泵性能测定实验

实验装置为过程装备与控制工程专业基本实验综合装置，虚拟界面见图 F-12，实验步骤如下：

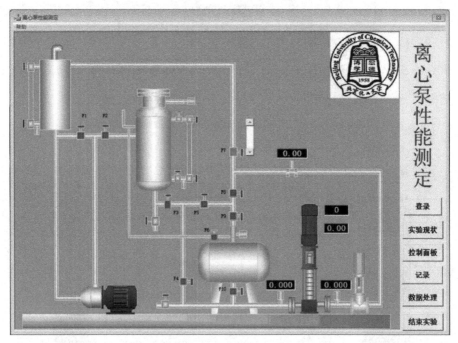

图 F-12 离心泵性能测定实验主界面

 ① 选择"离心泵性能测定实验"，点击"进入实验"按钮，弹出离心泵性能测定主界面。

 ② 打开登录界面，输入姓名和学号。

 ③ 打开阀门 F1、F2、F3、F4、F6，关闭阀门 F5、F7、F8、F9、F10、F11。

④ 在控制面板上打开总控开关，开主水泵。

⑤ 记录主水泵出口阀门 F7 全关（$Q=0$）时的相关数据，单击"记录"。

⑥ 逐渐开启主水泵出口阀门 F7，改变流量，使流量从 0.1 L/s 到 0.7 L/s。每隔 0.1L/s 作为一个工况点，每个工况点确定后，单击"记录"按钮，记录一次数据。

⑦ 进行数据处理。

（2）薄壁圆筒外压失稳实验

实验装置为过程装备与控制工程专业基本实验综合装置，虚拟界面见图 F-13，实验步骤如下：

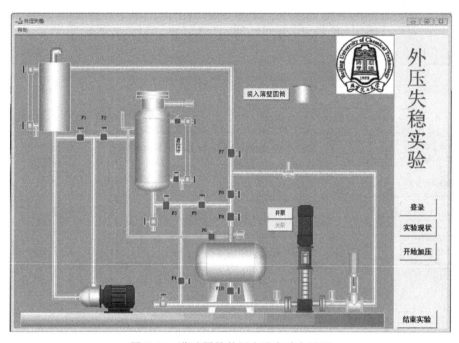

图 F-13　薄壁圆筒外压失稳实验主界面

① 选择"薄壁圆筒外压失稳实验"，点击"进入实验"按钮，弹出外压失稳实验主界面。

② 打开登录界面，输入姓名和学号。

③ 打开阀门 F3、F5、F6、F8、F10，以及液位计阀门，关闭阀门 F2、F4、F7、F9（F1 的状态对实验无影响）。

④ 点击"开泵"按钮，等待至液位计满，出现提示后关泵。

⑤ 点击"装入薄壁圆筒"按钮。

⑥ 关闭液位计阀门。

⑦ 点击"开始加压"按钮，进入加压界面，如图 F-14。

⑧ 点击开始按钮后，图 F-14 中开始出现一条缓慢增加的红色压力线。

⑨ 通过左边的压力调节按钮缓慢增加压力，直至压力线突然下降为 0。

⑩ 关泵，点击"数据处理"按钮进入数据处理界面，如图 F-15。

⑪ 依次填入各个试件参数后，点"确定"按钮，再完成实验结果的输入，最后进行计算。

（3）换热器压力降测定实验（管程）

实验装置为过程设备与控制多功能综合实验装置，虚拟界面见图 F-16，实验步骤如下：

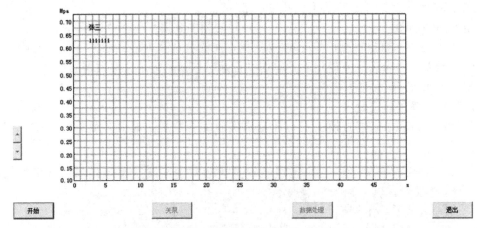

图 F-14　薄壁圆筒外压失稳实验加压界面

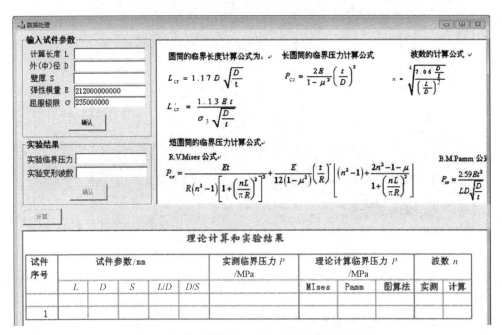

图 F-15　薄壁圆筒外压失稳实验数据处理界面

① 选择"换热器压力降测定实验（管程）"，点击"进入实验"按钮，弹出换热器压力降测定实验（管程）主界面。

② 打开登录界面，输入姓名和学号。

③ 打开阀门 F4、F5，关闭其他阀门，出现打开自来水阀门提示。

④ 打开自来水阀，约两秒后，出现"泵已灌满"提示，关闭自来水阀。

⑤ 打开控制面板。

⑥ 打开总控开关，调节流量控制为手动，启动方式为直接启动后，开冷水泵。

⑦ 通过压力调节旋钮调节压力至 0.7MPa。

⑧ 关闭控制面板。

⑨ 逐渐减小 F5 开度至 0.2L/s，从 2.2L/s 时开始，每隔 0.2L/s 点击一次"数据记录"按钮，共记录 11 组数据。

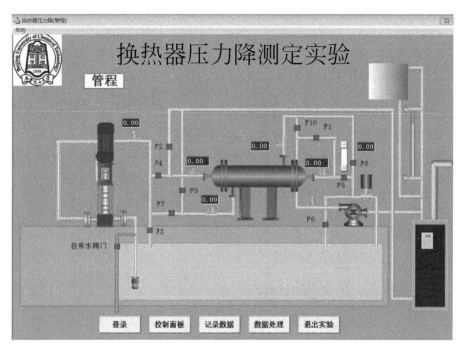

图 F-16　换热器压力降测定实验（管程）主界面

⑩ 记录完数据后点"数据处理"按钮进行数据处理。

（4）换热器压力降测定实验（壳程）

实验装置为过程设备与控制多功能综合实验装置，虚拟界面见图 F-17，实验步骤如下：

① 选择"换热器压力降测定实验（壳程）"，点击"进入实验"按钮，弹出换热器压力降测定实验（壳程）主界面。

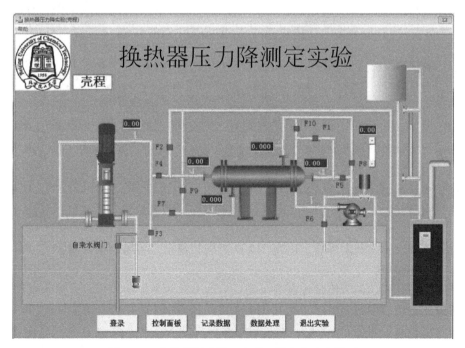

图 F-17　换热器压力降（壳程）测定实验主界面

② 打开登录界面，输入姓名和学号。

③ 打开阀门 F7、F8，关闭其他阀门，出现打开自来水阀门提示。

④ 打开自来水阀，约两秒后，出现"泵已灌满"提示，关闭自来水阀。

⑤ 打开控制面板，如图 F-11。

⑥ 打开总控开关，调节流量控制为手动，启动方式为直接启动后，开冷水泵。

⑦ 通过压力调节旋钮调节压力至 0.7MPa。

⑧ 关闭控制面板。

⑨ 逐渐减小 F5 开度至 0.2L/s，从 2.2L/s 时开始，每隔 0.2L/s 点击一次"数据记录"按钮，共记录 11 组数据。

⑩ 记录完数据后点"数据处理"按钮进行数据处理。

（5）换热器换热性能实验

实验装置为过程设备与控制多功能综合实验装置，虚拟界面见图 F-18，实验步骤如下：

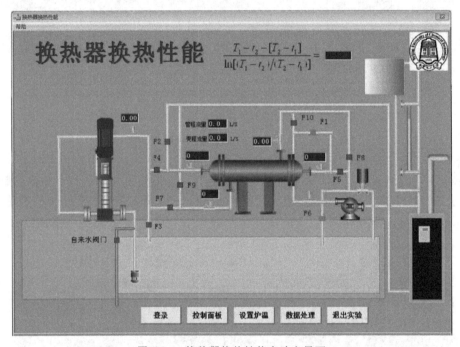

图 F-18　换热器换热性能实验主界面

① 选择"换热器换热性能实验"，点击"进入实验"按钮，弹出换热器换热性能实验主界面。

② 打开登录界面，输入姓名和学号。

③ 打开阀门 F1、F2、F7、F8，关闭其他阀门（F1 已默认为打开），出现打开自来水阀门提示。

④ 打开自来水阀，约两秒后，出现"泵已灌满"提示，关闭自来水阀。

⑤ 打开控制面板。

⑥ 打开总控开关，调节流量控制为手动，启动方式为变频启动后，开冷水泵。

⑦ 通过压力调节旋钮调节压力至 0.4MPa 后，开热水泵。

⑧ 回到主界面，调节 F1 和 F6，管壳程流量分别变为 0.55L/s 与 1L/s，点击设置炉温。

⑨ 打开控制面板，关闭热水泵，开循环泵，等待 15s 左右后出现水温均匀提示，关闭

循环泵。

⑩ 开热水泵，等待水温稳定后点击主界面上的"设置炉温"按钮。

⑪ 重复第⑨步，完成 6 组数据后，进行数据处理。

（6）流体传热系数测定实验

实验装置为过程设备与控制多功能综合实验装置，虚拟界面见图 F-19，实验步骤如下：

① 选择"流体传热系数测定实验"，点击"进入实验"按钮，弹出流体传热系数测定实验主界面。

② 打开登录界面，输入姓名和学号。

③ 打开阀门 F1、F2、F7、F8，关闭其他阀门（F1 已默认为打开），出现打开自来水阀门提示。

④ 打开自来水阀，约 2s 后，出现"泵已灌满"提示，关闭自来水阀。

⑤ 打开控制面板。

⑥ 打开总控开关，调节流量控制为手动，启动方式为变频启动后，开冷水泵。

⑦ 通过压力调节旋钮调节压力至 0.8MPa 后，开热水泵。

⑧ 回到主界面，调节 F1 和 F6，管壳程流量分别变为 0.9L/s 与 0.3L/s。

⑨ 打开控制面板，在控制面板里关闭热水泵，打开循环泵，等待 15s 左右后出现水温均匀提示，关闭循环泵。

⑩ 开热水泵，等待水温稳定后点击主界面上的"记录数据"按钮。

⑪ 点击 F6 调节壳程流量，等待水温稳定后点击"记录数据"。

⑫ 重复第⑪步，记录 5 组数据后，进行数据处理。

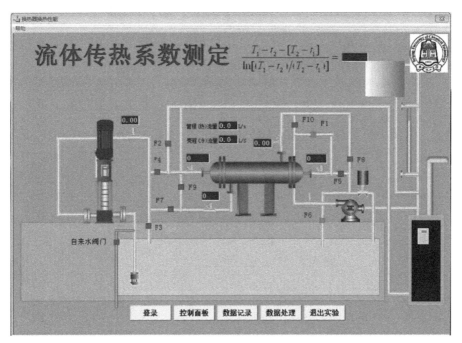

图 F-19 流体传热系数测定实验主界面

# 参 考 文 献

[1] 郑津洋，桑芝富. 过程设备设计. 5版. 北京：化学工业出版社，2021.

[2] 王毅，张早校. 过程装备控制技术及应用. 3版. 北京：化学工业出版社，2018.

[3] 厉玉鸣，王建林. 化工仪表及自动化. 4版. 北京：化学工业出版社，2007.

[4] 李云，姜培正. 过程流体机械. 2版. 北京：化学工业出版社，2008.

[5] 黄继昌，徐巧鱼，张海贵，等. 传感器工作原理及应用实例. 北京：人民邮电出版社，1998.

[6] 岑汉钊，张康达. 化工机械测试技术. 北京：化学工业出版社，1989.

[7] 陶永华. 新型PID控制及应用. 北京：机械工业出版社，2002.

[8] 钱才富，戴凌汉，金广林. 过程装备与控制工程专业实验装置研制. 实验技术与管理，2009，26（4）：222-224.

[9] GB/T 12242—2005 压力释放装置 性能试验规范.

[10] GB/T 3853—2017 容积式压缩机 验收试验.

[11] NB/T 47013.3—2015 承压设备无损检测 第3部分：超声检测.

[12] 王秀玲，赵修南，刘植桢. 微型计算机A/DD/A转换接口技术及数据采集系统设计. 北京：清华大学出版社，1984.

[13] 王家桢，王俊杰. 传感器与变送器. 北京：清华大学出版社，1996.

[14] 谭天恩，麦本熙，丁惠华. 化工原理. 2版. 北京：化学工业出版社，1990.

[15] 王发辉，刘秀芳，程艳霞. 往复式压缩机故障诊断研究现状及展望. 制冷空调与电力机械，2007，28（2）：77-80.

[16] 孙盛宇. 基于小波神经网络的往复压缩机故障诊断方法研究. 压缩机技术，2009（5）：28-30.

[17] 李旭朋，戴凌汉，李庆. 往复式压缩机故障诊断的小波分析方法. 设备管理与维修，2008（10）：46-47.

[18] 王国利. 活塞式压缩机常见故障分析及应对措施. 黄金科学技术，2008，16（5）：54-56.

[19] 杨国安，钟秉林，黄仁，等. 机械故障信号小波包分解的时域特征提取方法研究. 振动与冲击，2001，20（2）：25-29.

[20] 虞烈，刘恒，王为民. 轴承转子系统动力学：应用篇. 西安：西安交通大学出版社，2016.

[21] 钟一谔. 转子动力学. 北京：清华大学出版社，1987.

[22] 闻邦椿，顾家柳，夏松波. 高等转子动力学. 北京：机械工业出版社，2000.

[23] 杨丰宇. 虑及多转速的柔性转子动平衡优化配平方法研究. 北京：北京化工大学，2020.

[24] 姚剑飞，潘鑫，钱才富，等. 面向一流专业建设的过程装备与控制工程专业教学实验装置研制. 中国现代装备，2021（357）：60-62.